Works Collection of the 9th China International Interior Design Bienniale

第九届中国国际室内设计双年展

作品集

中国室内装饰协会　编

杨冬江　主编

中国建筑工业出版社

图书在版编目(CIP)数据

第九届中国国际室内设计双年展作品集 / 杨冬江主
编. —北京：中国建筑工业出版社，2012.12
　　ISBN 978-7-112-14926-1

Ⅰ. ①第… Ⅱ. ①杨… Ⅲ. ①室内装饰设计—作品集
—世界—现代 Ⅳ. ①TU238

中国版本图书馆CIP数据核字（2012）第276849号

责任编辑：吴　绫　　吴　佳
装帧设计：倦勤平面设计工作室／周岚

第九届中国国际室内设计双年展作品集
Works Collection of the 9th
China International Interior Design Bienniale
中国室内装饰协会　编
杨冬江　主编
＊
中国建筑工业出版社出版、发行 (北京西郊百万庄)
各地新华书店、建筑书店经销
倦勤平面设计工作室制版
北京方嘉彩色印刷有限责任公司印刷
＊
开本：880×1230 毫米　1/16　印张：28½　字数：912千字
2012年12月第一版　2012年12月第一次印刷
定价：**398.00**元
ISBN 978-7-112-14926-1
(22998)

"第九届中国国际室内设计双年展"凭借16年的沉淀和积累,今年一如既往地表现出较大的影响力和号召力。来自全国各省市的近两千幅设计作品,诠释当前室内设计的实践、创新、传承与思考。

本届"中国国际室内设计双年展"从总体上看水平有了进一步提升。金螳螂、集美组、水晶石、北京清尚、上海现代等国内知名设计机构与装饰公司报送的作品,体现了当前的设计潮流与设计水准。清华大学美术学院、广州美术学院、西安美术学院等20多家著名艺术院校的作品,折射出当下室内设计的学术思考、学术理念与价值导向。本届"中国国际室内设计双年展"的作品涵盖领域进一步拓宽。包括酒店、会所、餐厅、展厅、办公楼、剧院、医院、学校、博物馆、图书馆、教堂、银行、商场、售楼处、样板间、别墅、机场、车站等几乎所有室内设计领域以及广场、公园等景观设计领域。同时,本届"中国国际室内设计双年展"还不乏针对智能社区、陈设艺术等"新兴领域",新农村住宅、小户型设计、旧房改造、老年公寓等"民生领域",以及车、船等"流动领域"的先锋性设计作品。

中国的室内设计经过30多年的探索与实践,已发展为一个能与世界发展同步、迅速转换设计观念、引领中国设计发展的专业。纵观室内设计的发展历程,在渔猎采集和农耕时期,开放的室内形态与自然保持最大限度的交融,以界面装饰为空间形象特征,是以装修装饰为导向的设计概念。在目前的工业化时期,室内以空间设计作为整体形象表现,自我运行的人工环境系统造就了封闭的室内形态,是以陈设装饰为导向的空间整体设计概念。在科技革命孕育新突破的当今世界,室内设计将迎来新的发展阶段,即以科技为先导、真正实现室内绿色设计的第三阶段,是以行为模式为导向的环境体验设计概念。在满足人类物质与精神需求高度统一的空间形态下,实现面向自然的再度开放,成为未来的发展方向。

在这一承前启后的关键节点,认真思考什么是设计,如何设计,为何而设计,显得尤为重要。目前,在观念上缺少的并不是室内"装饰",而是真正意义上的室内"设计"。建筑装修并不代表室内设计。虽然"功能与审美"是建筑装修和室内设计不可或缺的两个方面,但只有创造诗意栖居的环境氛围才是室内设计的终极目标。希望本届"中国国际室内设计双年展"能引发设计师更多的思考,包括设计与艺术、设计与自然、设计与世界……在当今世界深刻复杂的变化面前,希望有更多人思考设计的本质,表达设计的善意,传递设计对生命与生活最为温暖的人文关怀。

清华大学美术学院教授、博士生导师
中国室内装饰协会理事长、设计专业委员会主任
郑曙旸

目录

金 奖

剑飞
刘鹏飞

内蒙古中实翰林建筑装饰设计有限公司

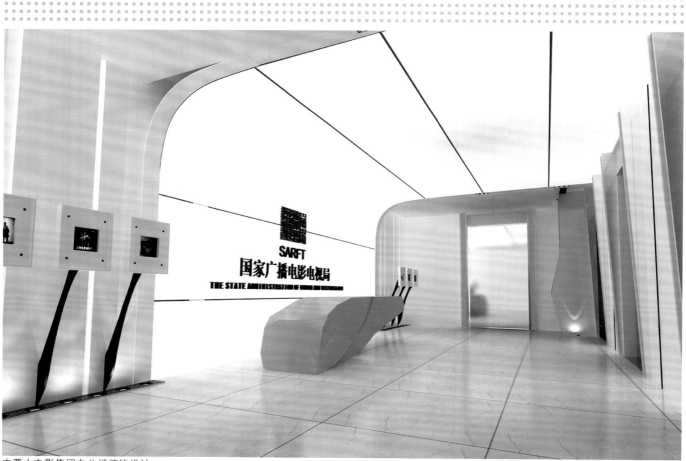

内蒙古电影集团办公楼装饰设计

内蒙古电影集团办公楼装饰设计

高喜芳

山西满堂红装饰集团

彩色一生——老年公寓

彩色一生——老年公寓

党明

深圳市深装总装饰工程工业有限公司·陕西分公司

陕西大会堂——公共空间室内设计方案

陕西大会堂——公共空间室内设计方案

李宪英
冯月华
乔文军

秦砖汉瓦视觉设计工程顾问有限公司

汉顿酒肆

汉顿酒肆

鞠红朝
马喆
张志光

黑龙江美图建筑装饰工程有限公司

大庆市黑鱼湖度假村餐厅

大庆市黑鱼湖度假村餐厅

林雨

大庆市田军装饰工程有限公司

俏江南北京丰联广场店

俏江南北京丰联广场店

何华武

福建国广一叶建筑装饰设计工程有限公司

前线共和广告有限公司

前线共和广告有限公司

赵益平设计事务所
杨钦淇
赵益平

湖南美迪大宅设计院

茶坊

茶坊

曹健

昆明弘佳装饰工程有限公司

民族特色——中式情韵

民族特色——中式情韵

叶敏

广州市扉越建筑设计有限公司

方所

方所

广州市住宅建筑设计院有限公司

富力盈盛广场B栋甲级写字楼

富力盈盛广场B栋甲级写字楼

洪易娜
曲旭东

广东岭南职业技术学院
广州科技贸易职业学院

光的游戏——美家达办公空间

光的游戏——美家达办公空间

陈绍锋
蔡明初
何惠婷

佛山市顺德区恒美艺术装饰设计有限公司

金美域精品酒店

金美域精品酒店

梁虒
石琳惠

苏州金螳螂建筑装饰股份有限公司

创元中心A区B区方案设计——1号楼

创元中心A区B区方案设计——1号楼

周翔
Ann
王海鹏
陈刃
崔烨

中国中轻国际工程有限公司

中国工商银行95588电子银行中心

中国工商银行95588电子银行中心

杨晓航

广东省集美设计工程公司SD设计中心

敦煌博物馆

敦煌博物馆

陈向京
曾芷君
曾莹
肖正恒

广州集美组室内设计工程有限公司

嘉兴月河客栈

嘉兴月河客栈

罗耕甫

橙田室内装修设计工程有限公司

碳佐麻里

碳佐麻里

梁勇
王玉刚

北京驿泊空间环境艺术设计有限公司

北京万博康鑫酒店

北京万博康鑫酒店

姚凌霄
王楠

北京怡景艾特环境艺术设计有限公司

山东省潍坊市鲁台经贸中心会展中心室内精装修项目

山东省潍坊市鲁台经贸中心会展中心室内精装修项目

孙传进

无锡市观点设计工作室

苏州苏悦餐厅室内设计

苏州苏悦餐厅室内设计

杨玉尧

北京清尚环艺建筑设计院有限公司

溪翁山庄（教育部考试院命题中心）

溪翁山庄（教育部考试院命题中心）

王瑞凯

山西满堂红装饰集团

晋忆宅草间堂

晋忆宅草间堂

许仙贵

福州好日子装饰工程有限公司

蜕变

蜕变

李桂章

湖南点石装饰设计工程有限公司

铂宫

铂宫

帅蔚

长沙市艺筑装饰工程有限公司

浅唱

浅唱

刘振宇

长沙喜居安设计工程有限公司

汀湘十里

汀湘十里

赵益平设计事务所
杨钦淇
唐亮

湖南美迪大宅设计院

素锦

素锦

杨凯

湖南美迪建筑装饰设计工程有限公司

一见"中"情

一见"中"情

卢皓亮

福建国广一叶建筑装饰设计工程有限公司

阳光理想城

阳光理想城

周祖华

玉溪家园家装有限公司

城市林语

城市林语

曾传杰

班堤室内装修设计企业有限公司

The House 15 Villa

The House 15 Villa

孙建亚

上海亚邑室内设计有限公司

七宝公馆

七宝公馆

蒋俏

杭州御润环境艺术工程有限公司

浙江万科无印良品样板间——七贤郡项目

浙江万科无印良品样板间——七贤郡项目

银^奖

苑升旺
韩海燕
高颂华

内蒙古师范大学国际现代设计艺术学院

杭州鼎宴火锅店餐饮空间设计

乌兰

赤峰市现代设计装饰有限责任公司

九天国际酒店行政酒廊设计方案

杨正中
谢天宇
申鹏程
李思佳

正中建筑空间设计室内工作室

当"老上居"遇到破砖锈铁

郑庆和
莫日根

内蒙古工业大学

财政部呼和浩特培训中心室内空间设计

张琨

内蒙古师范大学美术学院

风·舞动自然——现代会展中心

徐敏
朱飞

南京艺术学院设计学院

无锡地铁一号线重点车站

陈中祥

南京宏堃装饰设计工程有限
公司

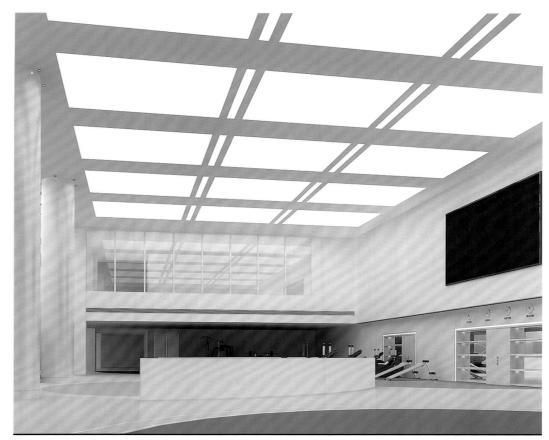

南京宏堃装饰设计工程有限公司

余蛟曹
玉玲
徐浩
王小奇

江苏省建筑装饰设计研究院
有限公司

溧水中心大酒店改造工程室内设计

王世海
骆杰阳
陈名荣

南京市国豪装饰安装工程有限公司

江苏双山集团双山科技商务中心

裴啸

山西满堂红装饰有限公司

土耳其Vitra专卖店

张为

西安市红山建筑装饰设计工程有限责任公司

陕西宾馆18号楼——酒店空间室内设计方案

黄念斌

陕西环境艺术设计研究院有限公司

泰福中经养生堂

侯小宝

陕西省兰盾装饰配套工程
公司

宜都市合江楼装饰及陈列

吕晓东
韩永红
陈杨

陕西选择建筑设计有限公司

西安图书大厦室内装饰设计工程

杨波

西安美术学院美术教育系

兰馨苑餐厅设计

刘俊宝

山西点石装饰设计有限公司

语竹日本料理餐厅

孙朋久

哈尔滨市设计研究中心

鸡西市幼儿教育中心

胡长国
陈雷
时冉

北京东易雅居装饰有限公司
大庆东风分公司

非诚勿扰主题宾馆

翁兴运

上饶市润兴建筑装饰有限公司

上饶市美丽方案形象设计馆

徐延忠

哈尔滨海佩空间艺术设计事务所

香奈尔品牌专卖概念店设计

金舒扬
刘国铭
陈剑英
李宏
王其飞

福建国广一叶建筑装饰设计
工程有限公司

福州情·聚春园

阮阮

厦门总全设计装饰工程有限公司

刘嫦娥

湖南点石装饰设计工程有限
公司

静谧与光明

冀臻

邵阳工业学校黑马公司

邵阳市钱庄茶会所设计

刘宗亚

艺海装饰工程有限公司剑鱼
设计机构

盛水湾SPA

胡训桐

海南鲁通国际建筑装饰工程
有限公司

彩虹酒店

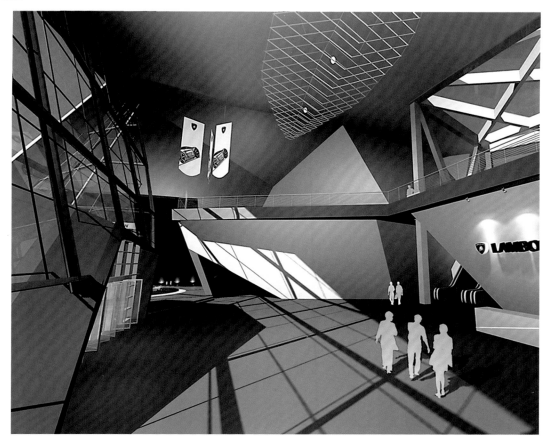

汤强
童小明

顺德职业技术学院
广州美术学院

兰博基尼汽车展示中心

陈文辉
洪易娜

广东星艺装饰集团有限公司

墨记——南方都市报视频编辑室

江彤云

佛山市南海区森柏装饰设计
工程有限公司

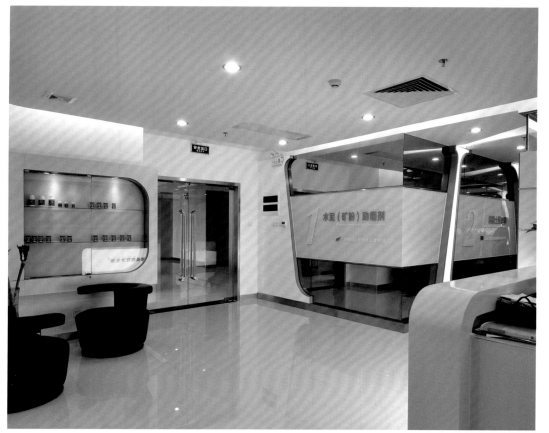

广州基业长青节能环保实业有限公司运营中心

北京福星养生会馆

梁永标

广州森杰装饰设计工程有限公司

覃思

创思国际建筑师事务所

广东省佛山市百恒盛售楼部

李坚明

东莞市尺度室内设计有限公司

香叶栈越南风味餐厅

林建飞
翁威奇
林伟文
欧雄国

广东省美术设计装修工程
有限公司林建飞工作室

风雅骏文·儒思如画

君怡苑售楼接待中心

蒙玛特设计团队

佛山市蒙玛特设计策划顾问
有限公司

关升亮

香港亮道设计顾问有限公司

一花一世界

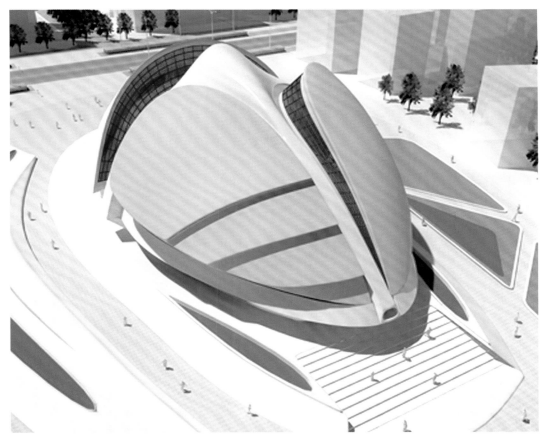

张俊竹

顺德职业技术学院设计学院

甲壳虫汽车展馆设计

蔡树龙

广州柏盛多维设计有限公司
潮州设计事务所

拉宝丽礼服上海总部办公楼

吕靖

杭州大麦室内设计有限公司

台州蒲公英精品酒店

周佳锋

杭州大麦室内设计有限公司

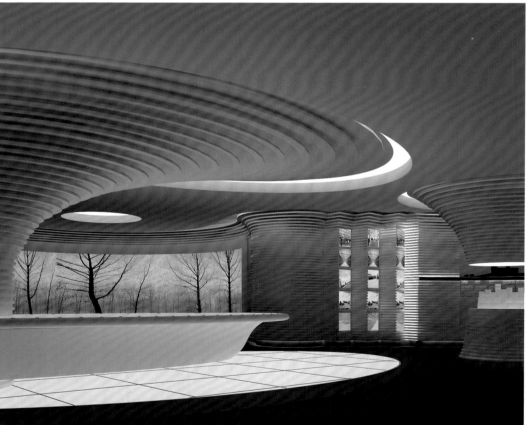

杭州诺贝尔企业文化展厅

李隆春

苏州金螳螂建筑装饰股份
有限公司

天津升龙金融中心

洪登平

苏州金螳螂建筑装饰股份
有限公司

内蒙古鄂尔多斯罗丽尔大酒店

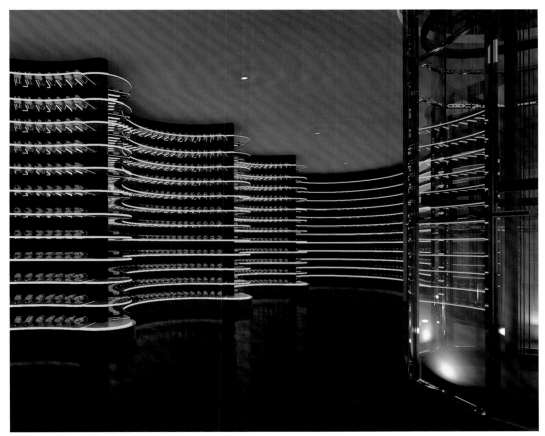

上海外滩游艇会

季春华

苏州金螳螂建筑装饰股份
有限公司

徐侃

苏州金螳螂建筑装饰股份
有限公司

中国移动通信集团江苏有限公司苏州分公司苏州园区新综合大楼建筑室内及景观

刘克勤

金螳螂建筑装饰股份有限公司

昆山——醉皇冠会展酒店

党胜元

新疆哲匠设计

新疆大奇国际建材艺术馆

北京海天装饰集团设计学校

简素之美——紫贞阁设计方案

陈任远

深圳瑞和建筑任远国际设计
事务所

北京益彰精品酒店

黄险峰
李超
李博然
陈锻

广东省集美设计工程公司

镇海口海防历史纪念馆

范天清

中国壹加壹设计联盟

华昌珠宝国礼会所

肖斌

南京金陵建筑装饰设计有限
责任公司

淮安曙光国际影城

董樑

北京业之峰诺创建筑装饰
工程有限公司

长城战略咨询办公大厅

刘杰成

武汉理工大学

广东科学中心数字家庭体验馆——小康E家和互动健身展项设计创意

谭华胜
张宁
李哲
贾小平
何鸣
刘振华

广州市美术有限公司

广州太古汇UV男士生活馆

张晓亮

北京艾迪尔建筑装饰工程有限公司

腾讯科技深圳万利达大厦

冯学慧

北京恒亚装饰设计有限公司

满满海佛跳墙

张宁
蓝海宇

广州集美组室内设计工程
有限公司

方圆大厦办公楼室内设计

曾芷君
周海新

广州集美组室内设计工程
有限公司

北京谷泉会议中心

王严民

黑龙江省佳木斯市豪思环境
艺术顾问设计公司

茶会简·朴

张宁
石荣洲

北京三鸣博雅装饰有限责任公司

黄山徽商故里大酒店

上海现代建筑装饰环境设计研究院有限公司

上海轨道交通11号线北段（一期）工程车站装修设计

吴矛矛

中外建工程设计与顾问有限公司
室内所
北京思远世纪室内设计顾问有限
公司

宾利汽车展厅

北京集美组装饰工程有限公司

上海佘山高尔夫会所贵宾室

深圳毕路德建筑顾问有限
公司

万达长白山度假酒店

邓士楷

北京凯思室内设计咨询有限
公司

D—Lounge酒吧

谢财江

深圳市中建南方建筑设计
有限公司

广西南宁东盟国际物流商务中心B座办公楼

陈爱明
王志民
张荣

宁波南天装饰设计工程有限
公司

宁波曙光丽亭酒店

李珂

北京凯泰达国际建筑设计
咨询有限公司

廊坊德发古典家具体验馆

何永海

北京正喜大观环境艺术设计
有限公司

山釜餐厅二期装饰项目

罗霞
丁盛吉

上海瑞冉室内设计有限公司

上海贝思特电气有限公司展厅

林志宁
林志锋
黄俊

香港森瀚（国际）设计有限公司

昆明螺狮湾国际商贸城售楼会所

陈厚夫

深圳市厚夫设计顾问有限公司

中信泰富神州半岛项目售楼处

刘洋

北京化工大学北方学院

生土窑洞设计与改造

孙心乙

大连交通大学

屋顶花园——室内延伸空间设计

韩家英

深圳市韩家英设计有限公司

爱马仕

管沄嘉

清华大学美术学院

中国园林博物馆展览及陈设设计

曹健

新疆克拉玛依博物馆石油设备展厅空间设计

曾麒麟

北京筑邦建筑装饰工程有限
公司成都分公司

西安曲江欧御大酒店

陈岩

深圳市山石空间艺术设计
有限公司

深圳中心城雅乐荟国际音响中心

侯立斌
边柳
万超

北京市上瑞建筑装饰工程
有限责任公司

MINI COOPER4S 精品店

刘波

刘波设计顾问（香港）有限
公司

三亚亚龙湾维景国际高尔夫度假酒店

程强
刘辉

圆融空间一体化设计事务所

"公主号"多功能商务休闲游艇改建项目

朱庆新
顾宇
韩蔚冬
朱嘉冰

苏州金螳螂建筑装饰股份有限公司

东 大剧院

赖旭东

重庆年代营创设计有限公司

东方王榭喜百年酒店

唐妮娜

重庆天和建筑装饰有限公司

东方王榭

王红

山西满堂红装饰有限公司

雕刻时光

梁少刚

西安新雅居设计公司

摩登的中国印象

刘英萍

山西豪庄文化艺术有限公司

长春样板间A户室内软装设计——欧式新古典之尊贵人生

石应语

福建合诚美佳装修工程有限公司

世茂天城

林国忠
郑镒均

厦门市总全设计工程有限
公司

国贸天琴湾

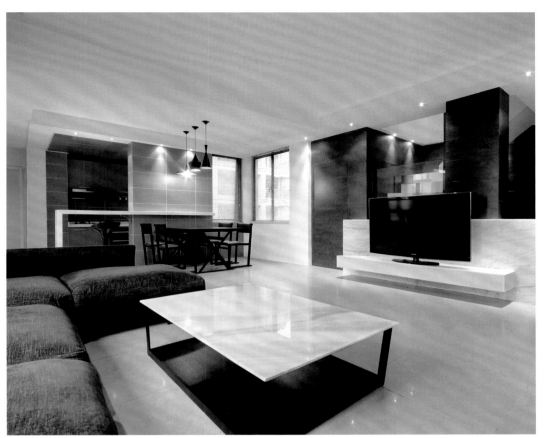

黄希龙

湖南长沙艺筑装饰工程有限公司

万蕾

湖南壹品装饰

这么"静"，那么"远"

肖改

玉溪家园家装有限公司

城市林语样板间

韦凤标

贵州城市人家装饰工程有限
公司

李府设计方案

赵勇

三亚汉界装饰工程有限公司

八度糖

余喜存

汕头市华正装饰设计有限
公司

潮州海逸一号住宅

自然光

张威

佛山市禅城区天宝装饰工程有限公司

王赟
王小锋

广州尚诺柏纳空间策划事
务所

高尚人居再定义

广州市住宅建筑设计院有限公司

富力泉天下AJ9—05样板房

柯少宏

潮州市宏诺装饰设计有限
公司

淡彩写意

赵玉玺
李英
林美花

苏州玉玺设计工作室

红与黑——简约时尚

秦克鹏

江苏旭日装饰工程有限公司

苏州太湖温泉1858别墅

吴家良

广州酷漫居动漫科技有限公司

迪士尼主题儿童房设计

桂峥嵘

上海桂睿诗建筑设计咨询
有限公司

上海中建大公馆

杨晞

希伯设计工作室

土木一味系列之汕头盈佳私闲空间

冯琳

西安美术学院

素色空间

王恺翔

北京现代音乐学院

都市小空间卧室设计

孔晶

高博软件技术职业学院

摒弃尘嚣·回归自然——阳光龙庭别墅设计方案

连伟健

汕头市思美格装饰设计有限公司

东方禅意

铜奖

张恒冲

上海柏泰装饰设计工程有限
公司

扬子江生物加速器会所

格西陶格陶

内蒙古昌德装饰有限责任
公司

呼和浩特市草原豆思动漫吧旗舰店

鄂尔多斯双满国际酒店

陈晓峰

内蒙古瑞杰信设计有限公司

内蒙古乌兰察布市化德会展中心

海建华

内蒙古师范大学美术学院

谷彦彬康
建华范蒙
王鹏
苑升高
高阳
武英东
陈旻
崔瑞

内蒙古师范大学国际现代
设计艺术学院

内蒙古民族大学博物馆展示设计

刘元兰

内蒙古通辽市大道装饰工程
有限责任公司

蒙古会馆

华侨城餐饮会所室内设计创意

**方四文
肖新华
徐吉**

常州轻工职业技术学院艺术设计系

河南开封农村商业银行

邢小方

南京深圳装饰安装工程有限公司

水之韵——武家嘴水运博物馆室内设计

韩巍
姚翔翔

南京艺术学院设计学院

张科强
潘天云
叶云峰
许菁

江苏省建筑装饰设计研究院
有限公司

南京钟山高尔夫索菲特酒店SOAPA项目

新纪元大酒店

高杨
王锦羡

南京广博装饰工程有限公司

淮安市妇女儿童活动中心

赵鹏
刘成军

南京市国豪装饰安装工程有
限公司

剑厉群　金晓雯
陶蓓蓓　丁　山
徐　雷　张念慈
韩　锐　金晨亮
周伟峰　伍代勇
卢　栋　曹　磊
厉群伟　邱明健
汪莉莉　诸　宁
朱　一　李一锋
李　卉　张乘风
季丁原　武献忠
仲　剑　何　燕
曹　毅　周　敏
庄磊飞　刘鹏飞

福州三坊七巷南后街75号院设计布展

郭嵘
刘斌
秘克

南昌富豪大酒店

安康市枫尚国际休闲会所宾馆

李枫

陕西省安康市海南南枫现代
设计装饰有限公司

艾·佳家居设计

罗昱

天津体育学院运动与文化艺
术学院

王晓璐
田雨
侯乐

西安德美环境设计工程有限公司

陕西荣驰宝实业有限公司写字楼

赵亮
刘厚

西安洪涛装饰设计工程有限公司

西安锦元翔室内设计

马约卡私人会所·装修设计

马明
刘洲林

榆林市金马广告装饰有限责任公司

外婆印象中餐厅室内设计

华承军
郭贝贝

陕西跨界设计策划有限公司

孙朋久

哈尔滨市设计研究中心

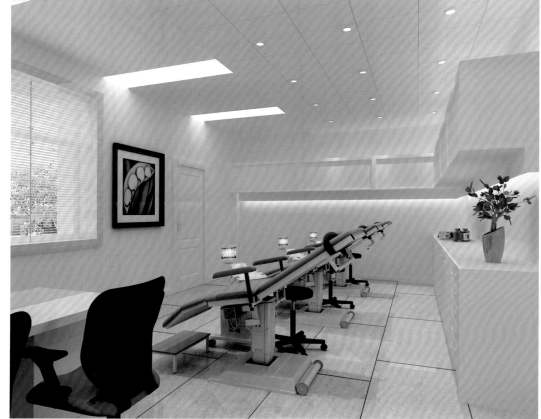

哈尔滨南岗区哈西社区卫生服务中心

徐延忠

哈尔滨海佩空间艺术设计事务所

迪奥品牌专卖店设计

福建南安弘超水疗会所

郭又新

福州又新空间设计装饰有限
公司

宁化世界客属文化交流中心客家酒店

金峰

福建国广一叶建筑装饰设计
工程有限公司

刘政

厦门百家安装饰工程有限
公司

我家视界家居商城

郑涌利

厦门梦想家园建筑装饰工程
有限公司

福建省三明一品上苑售楼会所

渔盐古镇韩家民俗村国学堂

李景波

青岛美宝装饰艺术有限公司

阳光酒店

汪金涛

潜江市海燕广告装饰有限公司

余超

湖北铭筑装饰工程有限公司

武汉市韵道音乐餐厅

陈建平
叶阳平
张磊

十堰市阔达装饰集团（香港
名人设计会所）

连云港腾轩火锅店

雷涛
雷丰威

湖南省点石精品原创设计
会所

牛顿·新思考

曹平山

湖南省衡阳市优胜佳平山高
端设计工程有限公司

郴州一家食府一分店

朱珂慧
罗长青

木源装饰设计工程有限公司

私人酒窖会所

毛天斌
李茜
杨扬
郑波

成都大学·成都掌墨师建筑
环境研究所

成都天府大道北段966号综合楼装饰设计

西府井酒店

梅晓阳

宁夏轻工业设计研究院环艺分院

里约西餐厅

王秋艳
姚江玲

昆明典范设计咨询机构

方坤

昆明格域装饰设计有限公司

香莱华水疗

刘思唐
徐曹明
张宝华
周林华

昆明阔叶林装饰设计工程有限公司

会所型中式办公空间设计

冠江集团公园1903城市展厅

万怡

云南万怡室内艺术设计有限公司

浪漫满屋

黄华军

昆明弘佳装饰工程有限公司

张渝

昆明思成设计工程有限公司

阁外山水办公室

赵斌
陈晓丽

昆明挚一室内设计工作室

欢乐岛主题餐厅

凤栖梧人文茶馆

杨凯锋

马继文

甘肃环县金皇冠美术社

河连湾陕甘宁省政府旧址修复纪念馆新建建筑方案

三亚联信和发展装饰工程有限公司

三亚鹿岭山海湾海景度假酒店

傅小彬

三亚环通装饰设计工程有限公司

三亚那地方潮州菜馆

海南长岛蓝湾销售中心

梅婧

海南西城组室内设计工程有限公司

理性唯美主义

陆屹

汕头市目标设计装饰有限公司

颜建南

汕头市兴中建装饰设计工程
有限公司

跳耀的分子符号——柏亚面向塑料电子商务中心

朱少雄

汕头市朱少雄设计有限公司

广东博雅鞋业企业中心

东莞市君悦天城销售中心

袁鹏鹏

东莞市三星装饰设计工程有限公司

**邬晓峰
刘晶瑶**

吉林省朝代环境艺术设计工程有限公司

内蒙古霍林郭勒市盛世龙兴世纪城销售中心

胡青宇
陈颖

河北北方学院
南京大学金陵学院

天然气技术研发中心建筑与室内方案设计

黄一丁

美和设计

至臻智能家居体验展厅

柯剑

广东三星装饰宜兴分公司

鑫韬国际贸易有限公司办公会所

温如春
（主持设计）
殷大雷
李本领
李亚琼

颂·会所

陈佳维

华东设计委员会

DE DIETRICH产品体验中心

叶俊成

华东设计委员会

ROGERSELLER卫浴展示厅

郑念军
黄伟鸿
王永斌
郑重
宋义扬
程冲
王钦明
于健

广州美术学院

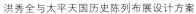

洪秀全与太平天国历史陈列布展设计方案

袁润铫
葛新亮
曾卓中
冯宇彦

广州品祺装饰设计工程有限公司

天水水疗会所

广和·澳海城销售中心

李宏图

广东湛江柏丽空间装饰设计
工程有限公司

王赟
王小锋

广州尚诺柏纳空间策划事
务所

杭州申花销售中心

中山翠享新规划馆

傅进
杨娟
欧丹娜

广东创能设计顾问有限公司

西九巷咖啡屋装饰工程

顾志强

上海海德教育进修学校

宝燕餐厅装饰工程

俞永根

上海海德教育进修学校

金竹苑私人会所

李保华

杭州大尺室内设计咨询有限公司

南京玉桥商业广场

孙致明
鲁清
朱勇根
洪晓雯
蒋慧光
曹伟洪
张金宝
马云英

杭州清致商业空间设计

徐州中央国际广场时尚街

严微微

杭州天际线商业形象策划有
限公司

舟山凯虹广场

汪伟大

杭州天际线商业形象策划有限公司

浙江天地环保办公楼装饰工程

王燮锋

浙江艺冠装饰工程有限公司

梁爱勇

苏州金螳螂建筑装饰股份有限公司

张家港永钢集团12号楼议事厅

王剑

苏州金螳螂建筑装饰股份有限公司

上饶龙潭湖国宾馆

李明

吉林省太阳神建筑装饰工程
有限公司

小额贷款公司办公室

林槐波

林槐波室内设计有限公司

林槐波室内设计有限公司办公室

福建国药

张小明

福州国广装饰工程有限公司

成都天府乡村高尔夫会所室内设计方案

北京中美圣拓建筑工程设计
有限公司

李朝阳

清华大学美术学院环境艺术
设计系

西安唐华宾馆餐厅改造设计

陈洁平
黄晞

广东省集美设计工程公司

凯迪威酒店

张金松
曹浪

国都建设（集团）有限公司

黄金海景大酒店室内装修改造工程

郭葆华
杨卉
王喜宏

北京宏维羽华设计工作室

晋华宫国家矿山公园接待楼

周竞科

上海苍木室内设计工作室

郑州云顶会所

刘晖

广州市三禾装饰设计有限公司

土耳其特色西餐厅

蒙震旦
谭伟东
陈海山

广东震旦建筑设计有限公司

西安华清爱琴海酒店

孙建亚

上海亚邑室内设计有限公司

亚邑办公室

韩志刚

杭州太清设计事务所

杭州大光明眼镜旗舰店规划设计

北京水晶石数字科技股份有限公司

乌鲁木齐高新区（新市区）之窗展示厅

山东临沂大学高尔夫球场酒店（会所）室内设计方案

田鹏
王媛

济南境美环境艺术工程设计
有限公司

王媛

山东省文化艺术学校

古文化研究中心室内设计

罗劲

北京艾迪尔建筑装饰工程有限公司

艾迪尔商务中心

韩文杰

北京恒亚装饰设计有限公司

大连何鲜菇

天津利顺德酒店百年风云博物馆展示设计

彭军
（主持）
天美PJ设计工作
（团队）

天津美术学院设计艺术学院

海南山泉海酒店室内设计方案

赵廼龙

天津美术学院设计艺术学院

鲁睿

天津美术学院

天津市泰达控股有限公司入口、大厅设计

韩放

广州大学美术与设计学院

并州饭店——东西楼装饰工程改造方案

莱锦TOWN创意产业园哈工大建筑设计院办公空间设计

林蜜蜜
朱頔

北京工业大学

贵阳花果园艺术中心

王晓军
林向楚
黎子毅

广州市景龙装饰设计有限公司

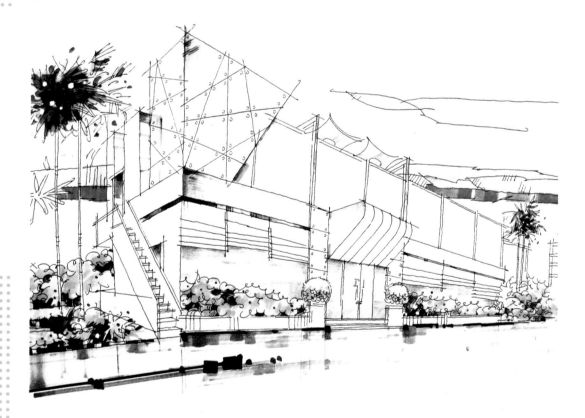

曾传杰

班堤室内装修设计企业有限公司

徽 · 时尚风格酒店

张少华
张璐

广西师范学院师园学院
武汉大学

唐人手绘部落（设计师工作室）

北京峰尚私人会所

薛冬

北京北装建筑装饰工程股份有限公司

凤巢壹号文化精品酒店

邹志雄

广州九筑建筑装饰设计有限公司

福建省福州市长乐机场候机楼国宾厅

邓钊

福州国伟建设设计有限公司

全聚德展览馆展陈设计方案

钟山风

北京永一格展览展示有限公司

倪健

吕邵苍酒店设计事务所

扬州雅悦温泉会所室内设计

文衡
曹健
李克

北京风云环球数码传媒技术
有限公司

CCTV5 NBA2012—2013赛季转播虚拟空间设计

孙文斌
赵大勇

优展（北京）国际展览有限
公司

第十届中国艺术节倒计时两周年图片展

曾卫平

北京清尚环艺建筑设计院有
限公司

合肥包河万达广场

新影联天宝影院

梁志成

北京清尚环艺建筑设计院有限公司

人民大会堂宾馆综合维修改造工程

杨建朋

北京清尚环艺建筑设计院有限公司

王宇

北京联合大学师范学院艺术
设计系

风尚米兰售楼处室内设计

谭立予

广东星艺装饰集团有限公司

LAK进口木地板专卖店

听雨楼——茶馆

傅耀冬

广西师范学院师园学院

鄂尔多斯乌兰牧骑艺术中心

张琪

内蒙古师范大学

邹明智

顺德职业技术学院设计学院

Breguet手表旗舰店设计

吴翠青

顺德职业技术学院设计学院

Chanel旗舰店设计

焦艳丰室内设计有限公司

焦艳丰

焦艳丰室内设计有限公司

居室设计

邓劼

重庆DBD设计机构
观廷装饰

时间会所

雷炳建

重庆艺驰建筑装饰设计有限公司

李浪

大墨·元筑设计工作室

绵阳贵熙帝景样板间

马锐

马锐——悦空间设计

山顶道8号

侯莉

内蒙古泛华远憬装饰工程有
限公司

阿拉善盟某简欧式别墅设计

孟超俊

太原市晨曦装饰艺术有限
公司

绽放中的牡丹

娄春平

山西豪庄文化艺术有限公司

长春样板间C户室内软装设计——恋上小清新

保利青岛

于海涛

大庆市墨人装饰工程有限公司

上饶市弋阳县逸夫小区

俞敏伟

深圳康之居装饰有限公司上饶分公司

陈翰

上饶经纬装饰工程有限公司

江西省上饶市翡翠城售楼部室内装饰

陈凯洋

厦门市总全设计工程有限公司

厦门市国际邮轮城

泉州别墅

郑涌利

厦门梦想家园建筑装饰工程
有限公司

天泰·蓝泉

秦德福

青岛拜占庭装饰设计有限
公司

君泽惠园

肖海彦

武汉新博装饰工程有限公司

后湖柳先生别墅装饰设计方案

纪定宏

潜江市华汉装饰有限公司

醉墨倾烟

杨晓平

湖南点石装饰设计工程有限
公司

洞庭"丝"绪

唐海平

湖南点石装饰设计工程有限
公司

小户型 · 大格局

欧阳瑜徽

湖南壹品装饰

白居 · 忆

赵鑫祥

湖南长沙艺筑装饰工程有限
公司

湖南衡阳衡府15—110

曹平山

湖南省衡阳市优胜佳平山高
端设计工程有限公司

彭宅装饰设计

许正旺

湖南百盛装饰设计工程有限
责任公司

荷塘月色——格调生活

孙冲

云南省昆明中策装饰（集团）有限公司

极致简约

毛博

昆明云上装饰工程有限责任公司

云报·记者村

黄支伟

云南理想家天下设计工程有限公司

中天会展城张女士雅居设计方案

王槐

贵州城市人家装饰工程有限公司

贵州省贵阳市中天世纪城新城

胡雁飞

贵阳中策装饰有限公司

长信海岸水城

张林

广东星艺装饰集团海南有限
公司

三亚市申亚翡翠谷三期别墅样板房

吴培振

海南优尼特装饰工程有限
公司

汕头市东方明珠住宅设计

吴永武

汕头市博得装饰设计有限
公司

王俊伟

广东三星装饰工程有限公司

宜兴逸品尚东别墅

姚锦波

汕头市大千设计装饰有限
公司

层叠之中·雍雅万千

苏州水墨江南别墅设计

陶才兵

金螳螂建筑装饰股份有限公司

清华城住宅

林槐波

林槐波室内设计有限公司

江苏省苏州市望亭镇华庭御园7-103幢连别式装修

叶华

江苏旭日装饰集团

张春艳

深圳市海大装饰有限公司

中粮北纬28度

金地——顺德天玺项目B户型

罗艳
罗沛君

广州伶居陈设艺术空间
广州市罗艳装饰工程设计有限公司

北京碧水庄园三期住宅项目

张逸

北京逸道空间装饰工程设计
有限公司

王晓军
李杰

广州市景龙装饰设计有限公司

北京鼓楼·私宅四合院室内装饰设计

柳伊

上海传阳设计有限公司

世纪汇·都会轩示范单位

重庆长嘉汇公寓

张云
张步雯
谷卫宁

北京艾迪尔建筑装饰工程有限公司

丽水雅苑

赵曙然

昆明弘佳装饰工程有限公司

洞庭"丝"绪

赵军

湖南点石装饰设计工程有限
公司

上饶市建筑装饰设计商会会所

沈纪卿
姚文超

江西天圣建筑装饰设计有限
公司

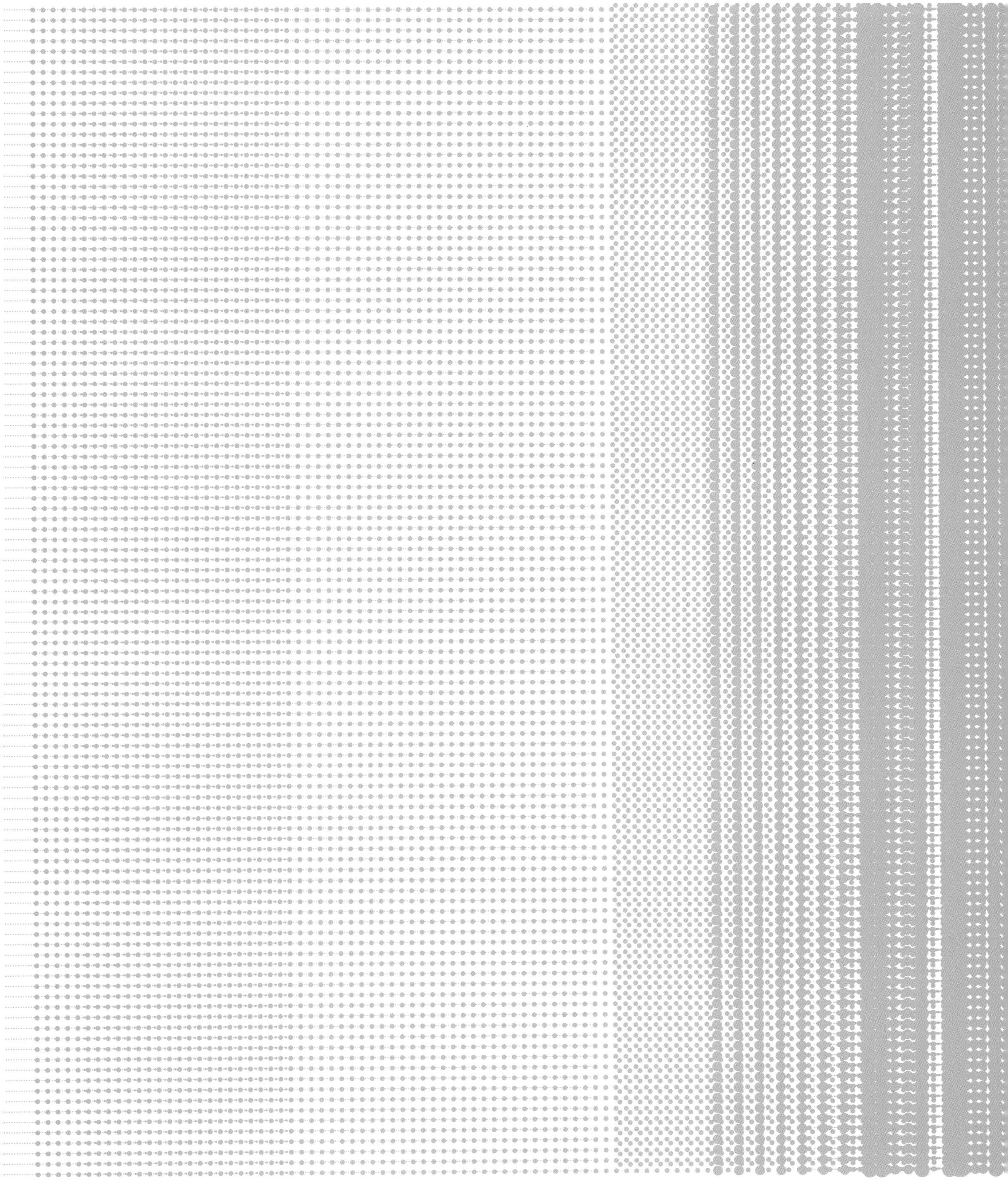

优秀奖

上海李如会展原创设计工作室

青洽会上海展区设计方案、宁洽会上海展区设计方案

贺春光
李政

内蒙古农业大学材艺院

蒙古白音塔拉露天煤矿办公综合楼中厅空间设计

云雅洁

内蒙古师大国际现代艺术学院

聚贤庄新农村住宅空间设计

高璐

内蒙古泛华远憬装饰工程有限公司

乌兰察布市博物馆、图书馆工程

张娟云
双庆
靳学亮

内蒙古师范大学美术学院

向尚广告公司办公空间设计

乌云毕力格

内蒙古大学艺术学院

钻石宝盒温泉会所设计方案

**鲁兵
骆杰阳**

南京市国豪装饰安装工程有
限公司

江苏镇江市殡仪馆

**程金春
华立**

江苏南京真诚装饰设计研究
院

南京富贵俏江南酒店奥体店

徐敏

南京艺术学院设计学院

重庆天主教圣德肋撒堂

某工程大学贵宾楼——酒店空间室内设计方案

李辉

西安市红山建筑装饰设计工程有限责任公司

西安市黄河大酒店室内外装饰工程改造设计方案

牛瑞
李芝涵
范晓芳

陕西飞天建筑装饰工程有限责任公司

太白庄园

雷柏林

陕西环境艺术设计研究院有限公司

汉中三国大酒店设计方案

陈伏晓
席岳

陕西立信装饰装修有限公司

韩城国际酒店宴会厅大堂设计

吴宝库
高倩
陈琦
白冰

陕西龙派装饰设计有限公司

商洛丹鹤大酒店装饰工程

范佳妮
朱立
闫怡丹

陕西荣森装饰景观有限公司

铜川地税局装饰设计方案

牛双喜

陕西三恒装饰工程有限公司

西安彼得堡西餐厅

谢应超

西安永兴建筑装饰装修工程有限公司

华晶广场心邸会所

张小南

陕西友谊装饰工程有限公司

皮玉杰
季鹏
王业青
张雅

西安奥度装饰设计有限公司

皇家8号KTV

鲍勇
马江龙
岳屹立

西安德美环境设计工程有限
公司

延安科技馆室内空间设计

海继平
闫州

西安美术学院

大明宫逸居售楼设计

西安纺织城艺术家创作基地——王西京工作室

**海继平
周龙**

西安美术学院

茗·轩茶餐厅

牛大江

山西点石装饰设计有限公司

内蒙古省鄂尔多斯市伊金霍洛旗华古酒店

朱晓光

太原市建筑设计研究院

孝义莱茵国际中心办公楼

樊志凌

山西点石装饰设计有限公司

清徐清泉接待中心

代强
胡旖旎

山西点石装饰设计有限公司

大庆某会所

王彬

大庆英伟装饰设计工程有限
公司

大庆中浩高端会所

陈明星

大庆市嘉亿建筑装饰工程有限公司

贺彩美容院设计

徐延忠

哈尔滨海佩空间艺术设计事务所

神韵东方

马昭荣

福州好日子装饰工程有限公司

梁耀
向新格
曾频

十堰市豪辉装饰有限公司

东风公司某专业厂办公楼

颜毅

湖南省随意居装饰设计工程
有限公司

长沙万达总部国际写字楼示范样板间及展厅

李安
汪碧慧
郑雅杰

湖南省随意居装饰设计工程
有限公司

长沙市黄花机场湖南印象馆

彭一鸿

湖南花妍装饰设计工程有限公司

邵阳市千年千休闲美食餐厅

刘瑞

长沙巧合空间装饰设计有限公司

盐城艾美莉整形美容医院

阙祚虎
蔡彦
邹攀

湖南点石亚太墅装

鼎信视界酒店

丁明

湖南美迪建筑装饰设计工程
有限公司

7号仓库紫砂坊茶餐厅

南泉

甘肃庆阳文南装饰设计工程
有限公司

艾尚主题娱乐会所

王久文

兰州华铭装饰艺术设计中心

隆德县第二幼儿园室内设计

海口天峡高尔夫会所

梁平平

海南广轩装饰设计工程有限公司

中国农业银行海口财富中心

杨德民
钟曹华
林安

海南成风装饰设计有限公司

海南先信集团写字楼

谭武伟

海南欧艺设计顾问有限公司

三亚联信和发展装饰工程有限公司

美亚航空三亚湾临时码头配套设施

朱少雄

汕头市朱少雄设计有限公司

小尾羊精细火锅店

陈维
柯进立
许嘉成

深圳市雅达环境艺术设计有限公司

养心会所

深圳市罗湖区唯雅传媒（实例）

李明熙

东莞市艺高装饰工程有限公司

合生·珠江帝景·紫龙府售楼部

李伟强

广州杰森装饰设计工程有限公司

简洁空间无限设计

谢国首

广东湛江一首设计工程有限公司

童小明
汤强

广州美术学院
顺德职业技术学院

广州市银河烈士陵园烈士事迹展览馆

黄畅然

湛江市大美装饰设计工程有
限公司

仁海花园销售中心

梁明捷
朱琦聪
韩汶杭

华南理工大学设计学院

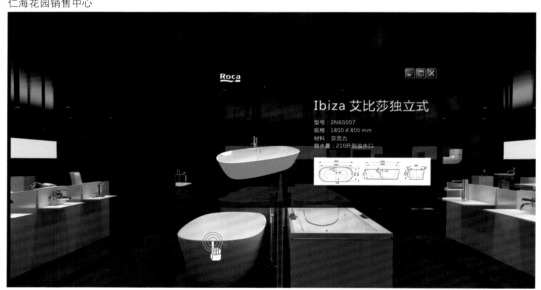

交互式网络产品展示空间服务平台研究——以Roca卫浴产品网络展馆为例

贵阳金怡苑酒店

黄志强
林伟坚
符乔强

广州翰纬装饰设计有限公司

南航广州白云机场东——国际两舱及会员休息室室内装修工程设计

蔡彤明

海博半岛外观及室内设计

张赟伟

朝代装饰设计室

第九届中国国际室内设计双年展作品集

谢兆连

广州市联筑装饰设计有限
公司

揭阳市帝景湾营销中心

张祖国

广州茗烨装饰设计有限公司

爱尔兰休闲吧、餐厅(已施行)

黄墨
陈玮

深圳市科源建设集团有限
公司

珠海市健帆生物科技股份有限公司研发楼

东吴国际广场——酒店

黄健

苏州金螳螂建筑装饰股份有限公司

酒泉饭店

侍相福

苏州金螳螂建筑装饰股份有限公司

重庆江北希尔顿逸林酒店

王禕华

苏州金螳螂建筑装饰股份有限公司

刘鹏

苏州美瑞德建筑装饰有限公司

南京弘阳大厦

陶才兵

金螳螂建筑装饰股份有限公司

武汉洲际酒店会议中心

沙云峰

哈尔滨丰雅装饰设计有限公司

鑫荟世家售楼处

文化齐鲁创意山东——山东文化改革发展成果展

海南三亚蜈支洲岛珊瑚五星级度假酒店

深圳市居众装饰总部设计院办公空间

曹小健
赵强

优展（北京）国际展览有限
公司

北京中美圣拓建筑工程设计
有限公司

陈子建

深圳市居众装饰设计工程有
限公司总部设计院

方伦磊

广东省集美设计工程公司

金色比华利大厦湖南省高速公路展示馆工程

黄维欣
何鸣
余艺云
谭伟强
刘振华
何泽联

广州市美术有限公司

阳江天润广场

刘振华
谭华胜
李哲
黄维欣
贾小平
谭伟强

广州市美术有限公司

惠州万饰城购物中心

武俊文

山西满堂红装饰有限公司

五阳之魂

白玉

北京恒亚装饰设计有限公司

长春红事会

胡欣荣

深圳市海大装饰有限公司

云南昆明上海·东盟商务大厦

张逸

北京逸道空间装饰工程设计
有限公司

北京玉实斋珠宝店项目

上海现代建筑装饰环境设计
研究院有限公司

中国光大银行上海分行外滩29号办公楼室内装饰及保养维护工程

上海现代建筑装饰环境设计
研究院有限公司

双流国际机场宾馆及综合配套项目室内精装修项目

中信凯旋城婚纱摄影会所（东莞）

李顺琴

深圳市雅达设计环境艺术设计有限公司

江西南昌宝马5S销售中心

苏欧利

深圳市中建南方建筑设计有限公司

郑州中原会馆

北京集美组装饰工程有限公司

新密电厂二期工程厂前区建筑装修二次设计工程

刘首杰

北京富润天筑装饰设计有限
公司

海鑫科金办公空间室内设计

王志凯

北京正喜大观环境艺术设计
有限公司

河北威名国际会员俱乐部

聂柯

石家庄红宇伟业装饰设计工
程有限公司

宝塔石化明珠会所

肖琳玮

HKC新加坡红谷组设计集团
（香港）有限公司

江门市第一幼儿园科技馆

梁锦文

广东艺峰建筑装饰设计工程
有限公司

宏泰集团办公楼项目

王广祥
杨蓬坤

北京怡景艾特环境艺术设计
有限公司

何锐

深圳市创典居室内环境艺术
设计有限公司

长江商学院深圳校区写字楼室内设计

胡强

无锡市观点设计工作室

镇江九鼎国际温泉会所室内设计

**于杨子
成冶
尹善武**

北京风云环球数码传媒技术
有限公司

山东华建铝业集团企业展馆

山东省淄博钻石会馆

白岚

北京清尚环艺建筑设计院有限公司

国家电网公司总部调度中心电力调控大厅改造

单高

北京清尚环艺建筑设计院有限公司

北京三座桥四合院会所室内环境设计方案

蔡青

北京清尚环艺建筑设计院有限公司

赵宏为

北京清尚环艺建筑设计院有限公司

通化市科技文化中心自然馆陈列布展工程

孙佳煜

天津体育学院运动与文化艺术学院

Mustard元素办公空间

江荟

天津体育学院运动与文化艺术学院

之荫

高远巧

高博软件技术职业学院

在放松的环境中快乐的工作

吕梦婷

高博软件技术职业学院

奢侈角色的扮演者——Prada专卖店设计

徐知俊

高博软件技术职业学院

畅想未来·姑苏之城

卢光强

空中的奢华

程子亮

上海久米室内装饰设计工程
有限公司

锅锅汇 · 新概念火锅烧烤吧

林洲

福州多维装饰工程设计有限
公司

盗梦空间

管夕训

青岛美宝装饰艺术有限公司

青岛宏运大酒店装修工程

张聚新

青岛拜占庭装饰设计有限
公司

寿光·晨鸣会所

杜斌
曾频
梁耀

湖北世纪经典建筑装饰工程
有限公司

十堰市花样年华娱乐会所装饰工程设计

金钟精英城办公楼设计之怒放的生命

汤琦璠

湖南省衡阳鸿扬家装有限
公司

城市风尚艺术酒店

唐文辉

湖南省点石亚太墅装衡阳分
公司

成都学院陈列馆展示设计

**毛天斌
胡松**

成都大学·成都挲墨师建筑
环境研究所

云南香格里拉梅里国际冰酒庄

成联进

翡翠明珠夜总会

方坤

昆明格域装饰设计有限公司

云南猫哆哩食品有限公司办公楼室内设计

杨晓翔

云南大学艺术与设计学院

赵勇

三亚汉界景观规划设计有限公司

"世界冠军·阳光大道"和主题广场建设项目

上海现代建筑装饰环境设计研究院有限公司

合肥新桥国际机场航站楼精装修设计

潘恩明

北京北装建筑装饰工程股份有限公司

包头滨河新世纪售楼处

善如女士美容美体SPA会馆、朗馨阁男士SPA会馆

朱洪涛

天津市圣龙（圣饰艺龙）设计事务所

驿站

谢炜

广西师范学院师园学院

平顶山市骑士KTV

孙永歌

河南新雅艺苑装饰工程有限公司

钱银铃

上海进念室内设计装饰有限公司

金山体育中心

周彬

深圳市深装总装饰工程工业有限公司·陕西分公司

金泰恒业地产灞湿地公园泗水间销售中心设计方案

李进栋

北京联合嘉业装饰设计有限公司

Zgxs咖啡·画廊设计工程

高淳电力宾馆室内设计

张宏斌
渠智程
陈允
赵鹏

江苏省建筑装饰设计研究院
有限公司

六和溪街餐饮空间室内设计

肖德荣
王明辉

中南林业科技大学家具与艺
术设计学院

儒士雅居茶餐厅

崔保庆
张亚军
鞠红朝
杜广来

黑龙江美图建筑装饰工程有
限公司

李丽艳

大庆市嘉亿建筑装饰工程有限公司

大庆金瑞综合楼

吴健
周延
赵越

扬州大学艺术学院艺术设计系

墨趣印象·西湖御景样板房室内装饰设计（创意）

沈立宪
姚晓静

翡翠别墅

红

負博恩

山西满堂红装饰有限公司

雁鸣湖湖景别墅B栋样板间室内设计方案

张为

西安市红山建筑装饰设计工程有限责任公司

上饶市宏信商厦

仲秋霞

深圳康之居装饰有限公司上饶分公司

苏威

福州好日子装饰工程有限
公司

朴·华

卢小龙

福州好日子装饰工程有限
公司

古风神韵

陈住光

福州好日子装饰工程有限
公司

兰亭序

国际邮轮城

余灵

厦门好易居装饰有限公司

厦门云顶至尊B户型

陈汉华

厦门百家安装饰工程有限公司

某小区住宅方案

谌利

武汉异境建筑装饰工程有限公司

纯粹空间

陈栋

点石家装城南旗舰店

星城书香苑1-901室

朱勋

点石家装

锈色可餐

张进武

湖南点石装饰设计工程有限公司

畅想中的爵士白

李桂章

湖南点石装饰设计工程有限
公司

深圳瑞华园某住宅装修

周建豪
胡文芬

湖南世纪名典装饰工程有限
公司

缘心

丁娅君

长沙市艺筑装饰工程有限
公司

色·界

退却浮华

周港

湖南美迪建筑装饰设计工程
有限公司

汪红春
翁自牧

湖南美迪建筑装饰设计工程
有限公司

欧阳熠

云南省昆明云上装饰工程有
限责任公司

云南白药颐明园

怡然自得

刘刚

昆明云上装饰工程有限责任公司

贵阳龙洞堡

蓝菲

贵州臻品建筑装饰工程有限公司

贵州省贵阳市保利温泉新城

刘皓

贵阳中策装饰有限公司

谭武伟

海南欧艺设计顾问有限公司

海口黄金海岸C型别墅

古文敏

汕头市红境组设计机构

星湖豪景廖生住宅

杨伟鹏

汕头市景庭装饰工程有限公司

中信·帝豪花园

唯美主义

陆屹

汕头市目标设计装饰有限公司

广东省汕头市万泰春天西区

邱培佳

广东省汕头市华都美术设计公司

蛋宅住宅设计

蔡同信
农天龙

蔡同信工作室

王娟

789室内配饰设计机构

释——大沥万科.金域华庭逸景阁B座1105房杜生雅居

覃思

创思国际建筑师事务所

广东省中山市阳光半岛样板间

余文豪

汕头市正度工程设计有限公司

澄海中信华府

48平方米的突破

陈朝辉

陈朝辉设计工作室

品睿空间

魏己成

广东广州星艺装饰有限公司

南宁市卡地亚庄园别墅样板房TH-E户型

谢兆连

广州市联筑装饰设计有限
公司

索博以色列地中海别墅工程

陶再波

上海索博智能电子有限公司

太晚屏东张宅

孙崇文

云起空间设计工作室

苏州依云水岸23-103

魏战胜

江苏旭日装饰工程有限公司

广东省深圳市纯水岸九期别墅空间

陈子建

广东省深圳市居众装饰设计
工程有限公司总部设计院

天津市静海区金海墅别墅室内设计

鲁睿

天津美术学院

别墅设计

申杰

北京现代音乐研修学院

薛春燕

沈阳师范大学美术与设计学院

沈阳亚泰花园王先生住宅设计方案

白艳飞
（曾用名：白雁）

天汇尚苑

许俊婕

四川师范大学美术学院

中式海滨度假别墅室内设计创意

谭明洋

西安美术学院

中国风韵

管菲

高博软件技术职业学院

现代住宅空间内陈设的可行性方案

杨涵博

高博软件技术职业学院

名人居——室内住宅设计方案的略想

书·韵

李超

福建国广——叶建筑装饰设
计工程有限公司

运盛美之国

林公成

福建国广一叶建筑装饰设计
工程有限公司

金辉天鹅湾

罗家军

福建国广一叶建筑装饰设计
工程有限公司

映·像

陈家雄

福建国广一叶建筑装饰设计
工程有限公司

成都万科双水岸度假风情别墅

颜创

成都佰丽春天装饰有限公司

大理山水间黄鹂家居装饰工程

范松灵

大理市松灵设计工作室

林道业

儋州市室内装饰协会

海南省海口市西秀海岸别墅样板间

何力军

广西玉林市美和设计室

年年有鱼

王雪晶
黄嘉怡
张嘉星

北京城市学院

新中式风格室内改造方案

王叶
陈洁洁
张玲菊

北京城市学院

"设计北京"家居空间室内设计

张帅楠
许芯颖
栾婷婷

北京城市学院

原色·中国——新中式风格家居室内设计

李嘉驹

高博软件技术职业学院

关于恒泰别墅方案设计的一点设想

韩亮

高博软件技术职业学院

青山绿庭A2户型样板房方案设计

彭涛

河南平顶山天一靓居装饰有
限公司

东方星河湾西单元2号楼17楼东南户

陆凯

上海同济高科技有限公司

虹桥豪苑

晶苑世纪御亭

钱银铃

上海进念室内设计装饰有限公司

美.极致——拨云秀苑

曾乐

玉溪家园家装有限公司

原味生香

唐姚

昆明欢乐佳园室内装饰工程有限公司

锦辉地产普洱公园壹号样板房

朱春红

艺海装饰工程有限公司剑鱼
设计机构

杨锐

昆明弘佳装饰工程有限公司

白色、浪漫、纯洁的贵族生活

黄华军

昆明弘佳装饰工程有限公司

筑巢

西湖花园别墅改造装饰工程

杨晓明

泉州市品源装饰设计有限
公司

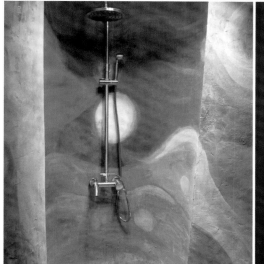

南三环中路71号院8号楼1单元108室改造方案

陈亮

北京万康装饰

东莞苏豪天御

**黄健康
何国志**

东莞市辉璜装饰工程有限
公司

320平房鸿馆复式方案

"A6"空间设计工作组
孙杰
常菲

天元一品装饰集团平顶山分
公司

碧水庄园别墅

熊芳
王照源

北京市北装建筑装饰工程股
份有限公司

气韵东方

王祥瑞

梵天西格玛装饰有限公司

冉旭

重庆旋木室内设计有限公司

清一色

甘健平

重庆汇意堂装饰设计工程有限公司

办公空间

吴昌毅

重庆麦索装饰设计有限公司

保利高尔夫别墅

焦艳丰

焦艳丰室内设计有限公司

山顶道8号

贺友直

重庆尚辰建筑设计有限公司

软装

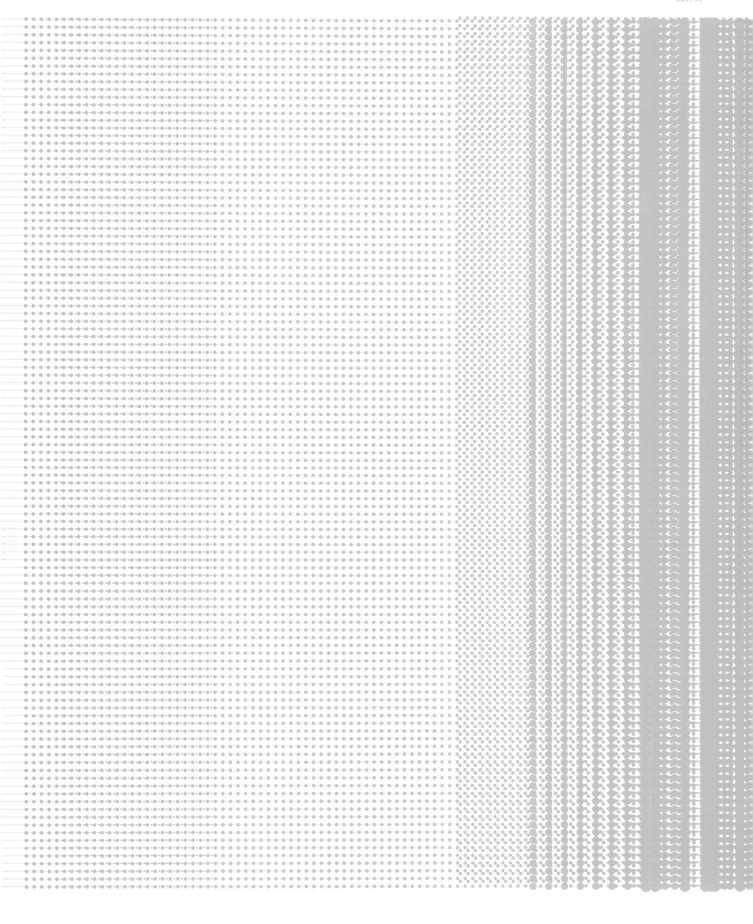

作品

申永忠

上海明装潢有限公司

宴园酒店设计

欧昌杰

上海禾木城市规划设计有限公司

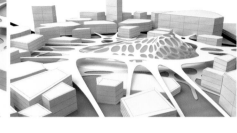

城市蔓延

上海李如会展原创设计工作室

上海华宇药业展示厅、上海电控研究所展示厅

薛穆卿

上海同济高技术有限公司

味蕾自由华人餐厅

彭珺

上海现代装饰艺术有限公司

和家园商业街包装效果图

钱银铃

上海进念室内设计装饰有限公司

贵阳保利温泉泉上餐厅装饰工程

某银行贵宾室

长庆泾河医院防疫体检及社区医疗中心装饰工程

孙思邈健康乐园

长安城堡大酒店楼顶会所

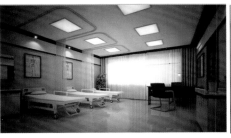

宝鸡解放军第三医院设计方案

农业银行设计方案

张婷玲
张婷

陕西海润建筑装饰工程有限公司

杨洁

陕西宏枫置业有限公司

黄念斌

陕西环境艺术设计研究院有限公司

侯小宝

陕西省兰盾装饰配套工程公司

贾婷敏
潘昆

陕西立信装饰装修有限公司

席岳
郑步茹

陕西立信装饰装修有限公司

牛双喜

陕西三恒装饰工程有限公司

韩养周
李宁

陕西盛元装饰工程有限公司

任立新
韩永红
吕晓东

陕西选择建筑设计有限公司

谢应超

西安永兴建筑装饰装修工程
有限公司

田育兵

陕西友谊装饰工程有限公司

季鹏
皮玉杰
王业青
蒋昌浪

西安奥度装饰设计有限公司

花儿坊民族风情摄影

花园酒店洗浴中心

汉中普罗旺斯售楼部室内装饰设计工程

西安长乐坡百草堂店

地电广场心桥佳苑售楼部

上河徽院会所装饰设计

陕北真草堂

西安东来顺室内设计

西安汉唐居室内设计

西安曼迪美发室内设计

西安高一生医学整形美容医院室内设计

城墙根下的文艺生活——后角咖啡厅室内设计

蒋昌浪
季鹏
吴萌
皮玉杰
王业青

西安奥度装饰设计有限公司

赵亮
刘厚

西安洪涛装饰设计工程有限公司

赵亮
刘厚

西安洪涛装饰设计工程有限公司

赵亮
刘厚

西安洪涛装饰设计工程有限公司

华承军
郭贝贝

陕西跨界设计策划有限公司

张豪
吴雪
李鹏飞

西安美术学院
西安交通大学

吴雪
张豪

西安交通大学
西安美术学院

海继平
陈晓育
李建勇

西安美术学院

海继平
陈晓育
李建勇

西安美术学院

周靓
申南
胡月文

尚品图说高端设计顾问机构

高彩虹

范易明

范易明设计工作室

室内的院子——西餐厅室内设计

商南秦东生态园林度假酒店室内设计

神木恒源集团办公／酒店室内设计

探析新中式——骊山会馆室内设计

山西省霍州市市委党校培训中心

山西太原正大美家索菲特软装配饰馆

槐乡玉堂

刘伟

山西点石装饰设计有限公司

金莲花禅文化主题酒店

李建明

山西点石装饰设计有限公司

哈尔滨哈洽会——大庆馆设计方案

田玉涛

大庆英伟装饰设计工程有限公司

大庆某休闲会所

高洪宝

大庆英伟装饰设计工程有限公司

北京某服装展厅

李爽

大庆英伟装饰设计工程有限公司

得月楼饭店

赵婉辰

大庆市墨人装饰工程有限公司

张鸿勋

大庆市嘉亿建筑装饰工程有限公司

董彦辉

大庆市嘉亿建筑装饰工程有限公司

郭永成

大庆市嘉亿建筑装饰工程有限公司

林雨

大庆市田军装饰工程有限公司

林雨

大庆市田军装饰工程有限公司

林雨

大庆市田军装饰工程有限公司

大庆金瑞综合楼

大庆中浩高端会所

大庆中浩高端会所

俏江南北京国贸店

俏江南方恒广场店

俏江南上海港汇中心店

孙朋久

哈尔滨市设计研究中心

内蒙古新巴尔虎右旗文化中心

孙朋久

哈尔滨市设计研究中心

青岛啤酒阿成金兀术会馆

孙朋久

哈尔滨市设计研究中心

哈以高新技术孵化器办公区

孙朋久

哈尔滨市设计研究中心

哈尔滨商德国际金属物流园区办公别墅

徐延忠

哈尔滨海佩空间艺术设计事务所

华葳集团写字楼室内设计

徐延忠

哈尔滨海佩空间艺术设计事务所

红星隆室内外空间设计

第九届中国国际室内设计双年展作品集

徐延忠
哈尔滨海佩空间艺术设计事务所

四季堂会所室内外空间设计

徐延忠
哈尔滨海佩空间艺术设计事务所

会友轩休闲空间

徐延忠
哈尔滨海佩空间艺术设计事务所

安娜苏品牌专卖店设计

陈志生
上饶市润兴建筑装饰有限公司

上饶市天和新城销售中心（实例）

庄锦星
福建国广一叶建筑装饰设计工程有限公司

"善"空间

江本智
陈剑新
游守鹏
福建国广一叶建筑装饰设计工程有限公司

泉州通海汽车总部办公楼

月界

许仙贵

福州好日子装饰工程有限公
司

福建合诚美佳装修工程有限公司办公室

石应语

福建合诚美佳装修工程有限
公司

福建华信大厦酒店设计

郭又新
邓钊

福州又新空间设计装饰有限
公司

商丘市学府新城售楼部设计方案

曲毅
金鸿洋

曲一设计工作室

煤矿升井安全出口及井下通道装饰设计方案

孙彩方

平顶山市鼎立装饰工程有限
公司

天津千群售楼会所设计方案

秦继伟

平顶山市业之峰装饰有限公
司

孟令豪

平顶山龙之越装饰

景广恩

平顶山蓝调建筑装饰设计工
作室

全留杰

深蓝室内设计

边燕燕

河南新雅艺苑装饰工程有限
公司

杨宣刚

湖北枫叶企业发展有限公司
装饰分公司

谌利

武汉异境建筑装饰工程有限
公司

某洗浴中心室内装饰方案

新城区某商务酒店及餐厅

平顶山市希腊神话KTV音乐会所

体育路同一首歌KTV

湖北枫叶企业发展有限公司营运中心室内装饰设计工程

某航空学院办公室改造

童利平

武汉新博装饰工程有限公司

电力宾馆

余良

长沙点石装饰

光·语

杨理

湖南点石装饰设计工程有限公司

Circles私人会所

钱银铃

上海进念室内设计装饰有限公司

金山禁毒馆

张洪中

上海进念室内设计装饰有限公司

上海中韩晨光文具制造有限公司总部大楼装修工程

张洪中

上海进念室内设计装饰有限公司

浙江金达控股有限公司办公楼装修工程

张洪中

上海进念室内设计装饰有限公司

上海市高级人民法院法官培训基地多功能法学研究中心

韩国钰

内蒙古昌德装饰有限责任公司

鄂尔多斯市华尔大酒店室内设计

包昌德

内蒙古昌德装饰有限责任公司

鄂尔多斯市华尔大酒店室内设计

赛西亚拉图

内蒙古昌德装饰有限责任公司

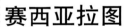

鄂尔多斯市华尔大酒店室内设计

赛西亚拉图

内蒙古昌德装饰有限责任公司

鄂托克民族商务酒店

王利

赤峰美慧装饰有限公司

清石堂

李曼红

赤峰思成装饰工程设计有限
公司

中国工商银行金行家赤峰店

赵叶林

内蒙古泛华远憬装饰工程有
限公司

企业办公大楼设计

高璐

内蒙古泛华远憬装饰工程有
限公司

武警内蒙古总队新建指挥中心办公楼装修

赵叶林

内蒙古泛华远憬装饰工程有
限公司

酒店设计

侯利军

内蒙古宏艺博美疯狂艺术设
计工程有限责任公司

欧罗巴国际软装配饰设计会所

苑升旺
雷青
韩海燕
高颂华

内蒙古师范大学国际现代设
计艺术学院

呼和浩特敕勒歌餐饮空间设计

韩海燕
苑升旺
高颂华

内蒙古师范大学国际现代设
计艺术学院

苑升旺
韩海燕
高颂华

内蒙古师范大学国际现代设
计艺术学院

刘杰

内蒙古建筑职业技术学院

闫俊文

内蒙古大学艺术学院

王颖

通辽市天正装饰有限公司

李静

赤峰市现代设计装饰有限责
任公司

香溢昌源东北菜餐饮空间设计

福都脊骨王餐饮空间设计

Q．M建筑事务所

达旗万通集团农业主题酒店设计方案

酒店包房设计

赤峰敖汉旗兴隆洼国际酒店大堂设计方案

内蒙古电力房地产东二环项目售楼中心

泰州市交通应急救援指挥中心

江阴市顾山中学校区室内优化设计

VIAI情趣酒店室内装饰设计方案

江苏省常州建设高等职业技术学校新校区室内装饰设计

南京第九初级中学活动中心装饰工程

王聘婷
宋丽霞

内蒙古大学艺术学院

邢小方

南京深圳装饰安装工程有限公司

肖新华
方四文
徐吉

常州轻工职业技术学院

陈中祥

南京宏堃装饰设计工程有限公司

陈中祥

南京宏堃装饰设计工程有限公司

厉群　陶蓓蓓　金晓雯
徐雷　丁山　张念慈
庄磊　韩锐　金晨亮
周伟峰　伍代勇　卢栋
曹磊　厉群伟　邱明健
汪莉莉　诸宁　朱一
李一锋　李卉　张乘风
季丁原　武献忠　仲剑
何燕　曹毅　周敏
内蒙古中实翰林建筑装饰设计有限公司

姜炜
周越

南通苏品装饰有限公司

张科强
凌婉君
李子龙
赵鹏

江苏省建筑装饰设计研究院
有限公司

余蛟
李吟
姚瑶
齐宁超

江苏省建筑装饰设计研究院
有限公司

吴静安
李铿
朱敏
赵鹏

江苏省建筑装饰设计研究院
有限公司

张宏斌
唐东云
李洋
张圆圆
赵鹏

江苏省建筑装饰设计研究院
有限公司

尹超
王锦羡

南京广博装饰工程有限公司

信拓·东港国际售楼处

苏宁滨江一号会所

苏博特材料测试中心室内设计

西安华海酒店室内设计

新联电子研发生产基地室内设计

高淳国税局办公大楼改造工程设计

连云港第一人民医院

孙亚明
蔡邢鹤

南京市国豪装饰安装工程有限公司

盐城万源生物科技有限公司

储争珔
陈名荣

南京市国豪装饰安装工程有限公司

富厚堂餐饮会所

秘克
郭嵘
刘斌

苏宁环球套房酒店

秘克
郭嵘
刘斌

冬季没有那么冷——纪念馆

高喜芳

山西满堂红装饰集团

左右

裴啸

山西满堂红装饰有限公司

孟超俊

太原市晨曦装饰艺术有限公司

海皇会所

张为

西安市红山建筑装饰设计工程有限责任公司

陕西宾馆九号楼——酒店空间室内设计方案

张为

西安市红山建筑装饰设计工程有限责任公司

雁鸣湖湖景别墅——会所空间室内设计方案

党明

深圳市深装总装饰工程工业有限公司·陕西分公司

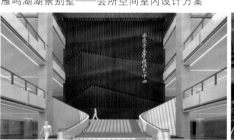

西安音乐学院音乐中心——公共空间室内设计方案

李枫

陕西省安康市海南南枫现代设计装饰有限公司

安康市中医院门诊楼

谷安林

陕西省安康市海南南枫现代设计装饰有限公司

安康市瀛湖电力度假村

西安珍味轩酒楼

西安市黄河大酒店室内外装饰工程改造设计

某学术报告厅

大庆中浩高端会所

办公空间——会通标识工程

明城皇宫

郭景科

陕西多维环境艺术设计工程公司

牛瑞
李芝涵
范晓芳

陕西飞天建筑装饰工程有限责任公司

张婷玲
张婷

陕西海润建筑装饰工程有限公司

李忠正

大庆市嘉亿建筑装饰工程有限公司

李安

湖南省长沙市随意居装饰企业集团

谭士峰

长沙集艺装饰设计有限公司

颜毅

湖南省长沙市随意居装饰企业集团

湘潭碧桂园营销中心及会所

王丽群

随意居国际设计中心

株洲曼哈顿入户大堂实例项目

李烈发

邵阳工业学校黑马公司

邵阳新贵都酒店改造工程

李勐璐

邵阳学院艺术设计系

K9037主题餐厅装饰设计

魏军华

大涵装饰设计有限公司

长沙锄禾食尚河西店

魏军华

大涵装饰设计有限公司

锄禾民间菜馆

邵阳御龙度假山庄

一米
一谈
一文

香港一米九八建筑艺术设计
咨询有限公司

北京华医中西医结合皮肤病医院

刘瑞

长沙巧合空间装饰设计有限
公司

郑州陇海医院

施俊

长沙巧合空间装饰设计有限
公司

长沙巧合空间装饰设计有限公司

黄坚

长沙巧合空间装饰设计有限
公司

五美秋庭

徐经华

长沙市艺筑装饰工程有限
公司

空间解构

帅蔚

长沙市艺筑装饰工程有限
公司

李晓红

喜居安别墅装饰专家会所

赵益平设计事务所
杨钦淇
赵益平

湖南美迪大宅设计院

赵益平设计事务所
杨钦淇
赵益平

湖南美迪大宅设计院

赵益平设计事务所
杨钦淇
赵益平

湖南美迪大宅设计院

赵益平设计事务所
杨钦淇
赵益平

湖南美迪大宅设计院

刘山

湖南美迪建筑装饰设计工程
有限公司

华晨世纪

茶汇

访佛

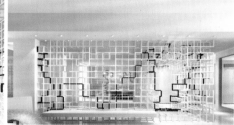

格舍

纵视

迹

奢想东方

当代思想馆

六和溪街餐饮空间室内设计

闽氏足浴按摩城

新疆昌吉自治州鸿都国际大饭店

湖南省衡阳市悦宴城市餐厅

程继星

湖南美迪建筑装饰设计工程
有限公司

丁明

湖南美迪建筑装饰设计工程
有限公司

肖德荣
王明辉

中南林业科技大学家具与艺
术设计学院

张衡标

湖南省点石亚太墅装衡阳分
公司

资梅桃

湖南省衡阳市巨人装饰设计
工程有限公司

周翩

湖南省衡阳市新思域装饰设
计有限公司

周翙

湖南省衡阳市新思域装饰设计有限公司

湖南省衡阳市五谷丰登餐厅

陈立云

木源装饰设计工程有限公司

We Public

汪生东

宁夏轻工业设计研究院环艺分院

哈伦能源办公楼

陈红平

宁夏轻工业设计研究院环艺分院

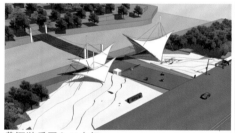

黄河游乐园入口大门

谯代彪

宁夏中谯室内建筑装饰设计有限公司

宁夏·湖畔人家餐饮空间

周银宝

宁夏唐仁建筑装饰设计工程有限公司

菩提酒吧

方坤

昆明格域装饰设计有限公司

香莱华酒店

刘思唐
张宝华
周林华

昆明阔叶林装饰设计工程有限公司

旧房改造之纳西韵味的衍生空间

邵登虎

昆明邵登虎室内设计有限公司

昆明中式会所&气功馆案例

张渝

昆明思成设计工程有限公司

阿曼雷恩服装店

张渝

昆明思成设计工程有限公司

湾仔一号港式茶餐厅

杨晓翔

云南大学艺术与设计学院

云南大理基督教感恩堂室内设计

万怡

云南万怡室内艺术设计有限公司

赵斌
陈晓丽

昆明挚一室内设计工作室

吴邦邦

云南理想家天下设计工程有限公司

周敬

云南理想家天下设计工程有限公司

刘宗亚

艺海装饰工程有限公司剑鱼设计机构

宁瑾功

昆明弘佳装饰工程有限公司

冠江集团公园1903售楼部

柏悦湾海鲜火锅餐厅

昆明——私人会所

滇池高尔夫私人会所

Uone珠宝专卖店

迪派会所宴会宫

御茶轩茶楼

南泉

甘肃庆阳文南装饰设计工程
有限公司

酒泉市委党校改造装修

周武

甘肃中瑞环艺装饰设计工程
有限公司

甘肃省秦剧团77演艺工场设计

师剑雄

甘肃典尚逸品装饰设计有限
公司

布兰卡酒吧空间

陈少杰

兰州创库设计机构

2011中国（贵州）国际酒博会荣太和酒业展馆设计

龙红卫

贵阳易天装饰设计有限公司

索居闲处之马岭河大峡谷度假酒店

杜建杰

贵阳中人环境艺术设计有限
公司

谭武伟
高宇

海南欧艺设计顾问有限公司

杨德民
钟曹华
朱万章

海南成风装饰设计有限公司

石唯

三亚玛雅装饰工程有限公司

刘积光

东莞市艺高装饰工程有限
公司

刘炯良
刘积光
方季标

东莞市艺高装饰工程有限
公司

刘炯良
刘积光
方季标

东莞市艺高装饰工程有限
公司

海南洋浦古盐田高尔夫私家会所

中国工商银行海南省分行国贸支行

三亚南风情娱乐城

东莞市君濠KTV

东莞市尚水健康休闲会所

东莞市聚缘鱼翅海鲜酒家

雁南飞茶艺馆

吕海雪

广东梅州嘉应学院美术学院

毋米粥——马赛克乐章的体验世界

汤强
童小明

广东省集美设计工程公司

惠州龙门地派温泉酒店

曾卓中
葛新亮
袁润铫
冯宇彦

广州市品祺装饰设计工程有
限公司

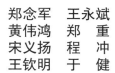

南海区博物馆陈列布展设计方案

郑念军　王永斌
黄伟鸿　郑　重
宋义扬　程　冲
王钦明　于　健

广州美术学院

南海区博物馆室内设计方案

郑念军　王永斌
黄伟鸿　郑　重
宋义扬　程　冲
王钦明　于　健

广州美术学院

金达金办公楼

陈乐廷

佛山市境致建筑师事务所

王赟
王小锋
广州尚诺柏纳空间策划事务所

江彤云
佛山市南海区森柏装饰设计工程有限公司

杨传健
嘉应学院美术学院

覃思
创思国际建筑师事务所

余文豪
汕头市正度工程设计有限公司

林建飞
翁威奇
林伟文
盛希希
广东省美术设计装修工程有限公司林建飞工作室

琶洲·天悦入户大堂

快乐儿童之家幼儿园

梅州国兴茶业超市装饰设计

创思国际建筑师事务所办公室

保辉地产售楼处

水木清华——上善如流

广州市住宅建筑设计院有限公司

富力唐宁花园销售中心

蒙玛特设计团队

佛山市蒙玛特设计策划顾问有限公司

乐从大罗钢铁世界招商中心创意

张运伟

朝代装饰设计室

陈伟南天文馆

张运伟

朝代装饰设计室

金佳园售楼中心

关升亮

香港亮道设计顾问有限公司

亮道办公室

关升亮

香港亮道设计顾问有限公司

虹桥商城

傅进
杨娟

广东创能设计顾问有限公司

中山纪念中学音乐厅

傅进
陈静雯
欧丹娜

广东创能设计顾问有限公司

中山小榄龙山工业设计产业园

张祖国

广州茗烨装饰设计有限公司

香港荣源茶行有限公司内陆总部

庄易

上海海德教育进修学校

富士胶片（中国）金领之都办公室内装工事

王青青

上海海德教育进修学校

UNIQLO 上海曹安公路店装饰方案

张鹏程

上海海德教育进修学校

全日和馆餐馆室内装饰工程

欧阳庆

上海锦媛装潢设计有限公司

足浴会所

沈莉颖

上海海德教育进修学校

飞雕大厦2005办公空间

陈贵荣

上海海德教育进修学校

西餐厅设计方案

 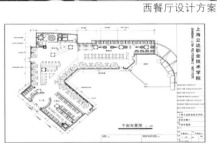

杜志明

上海海德教育进修学校

泰欣亚餐厅设计方案

孙伟

上海海德教育进修学校

某餐饮空间设计方案

张晓毅

上海海德教育进修学校

某会所设计方案

陶再波

上海索博智能电子有限公司

索博上海高科技智能家居体验厅

吴诗峰

北京中讯威易科技有限公司

智慧酒店

吴诗峰

北京中讯威易科技有限公司

智能社区

李保华

杭州大尺室内设计咨询有限公司

中粮方圆府销售展示中心

李保华

杭州大尺室内设计咨询有限公司

湘家荡旅游接待中心

李保华

杭州大尺室内设计咨询有限公司

诺贝尔集团企业技术中心展厅

杭州吾悦精品酒店

杭州玉泉饭店改造

荆州时代广场

呼市维多利国际广场

潍坊谷德广场

湖北大冶雨润

林海

杭州大尺室内设计咨询有限公司

吕靖

杭州大麦室内设计有限公司

孙致明　　鲁　清
朱勇根　　洪晓雯
蒋慧光　　曹伟洪
张金宝　　马云英

杭州清致商业空间设计

孙致明　　鲁　清
朱勇根　　洪晓雯
蒋慧光　　曹伟洪
张金宝　　马云英

杭州清致商业空间设计

孙致明　　鲁　清
朱勇根　　洪晓雯
蒋慧光　　曹伟洪
张金宝　　马云英

杭州清致商业空间设计

肖铭

杭州天际线商业形象策划有限公司

吕钰燊

浙江艺冠装饰工程有限公司

翁超

宁波市江东夏星装饰工程有限公司

李泉

苏州金螳螂建筑装饰股份有限公司

黄健

苏州金螳螂建筑装饰股份有限公司

韩涛

苏州金螳螂建筑装饰股份有限公司

缪逸平

苏州金螳螂建筑装饰股份有限公司

中信建设杭州解放路证券营业部装饰工程

菲特假日酒店

南昌银行金融服务中心

甘肃宁卧庄宾馆

张家港国泰华联办公楼

U湖未来网络科技体验中心

北京格拉斯售楼处

季春华

苏州金螳螂建筑装饰股份有限公司

华北电网公司高级研究所二期

季春华

苏州金螳螂建筑装饰股份有限公司

江苏永联小镇度假酒店

梁爱勇

苏州金螳螂建筑装饰股份有限公司

姜堰宾馆

梁爱勇

苏州金螳螂建筑装饰股份有限公司

李月刚——创意设计办公

梁爱勇

苏州金螳螂建筑装饰股份有限公司

山东省临沂市旅游服务中心

季春华

苏州金螳螂建筑装饰股份有限公司

季春华

苏州金螳螂建筑装饰股份有限公司

梁虓
季林

苏州金螳螂建筑装饰股份有限公司

刘建华

苏州金螳螂建筑装饰股份有限公司

梁虓
季林

苏州金螳螂建筑装饰股份有限公司

梁虓
季林

苏州金螳螂建筑装饰股份有限公司

刘建华

苏州金螳螂建筑装饰股份有限公司

山东临沂市旅游服务中心

常州太湖湾售楼中心

佛山（国际）家居博览城

云南白药健康养生大厦酒店

昆山——醉会展酒店项目设计

江苏君泰饭店

重庆中冶赛迪商务酒店

梁虓
王郭彬

苏州金螳螂建筑装饰股份有限公司

重庆鸿恩君御花园会所酒店

梁虓
季林

苏州金螳螂建筑装饰股份有限公司

常州紫薇会所、紫薇苑

毛悦

苏州金螳螂建筑装饰股份有限公司南京设计院

宜兴图书馆

朱庆新
顾宇
韩蔚冬
朱嘉冰

苏州金螳螂建筑装饰股份有限公司

固安国宾会所

朱庆新
顾宇
韩蔚冬
朱嘉冰

苏州金螳螂建筑装饰股份有限公司

贵阳花溪迎宾馆

王剑

苏州金螳螂建筑装饰股份有限公司

王国清
唐晓烨

苏州金螳螂建筑装饰股份有限公司

宿迁曲院风荷会所

李海军

苏州金螳螂建筑装饰股份有限公司南京设计院

鑫苑·现代城商业购物中心

严晓燕

苏州金螳螂建筑装饰股份有限公司

辽宁碧湖温泉度假村酒店

严晓燕

苏州金螳螂建筑装饰股份有限公司

西安中航大酒店

唐开封

金螳螂建筑装饰股份有限公司

山东温泉文化博览园·温泉大酒店

唐开封

金螳螂建筑装饰股份有限公司

山西晋城晋邦大酒店

江苏（中国）泰州美好易居城会所

陶才兵

金螳螂建筑装饰股份有限公司

辽宁（中国）丹东市万达酒店

陶才兵

金螳螂建筑装饰股份有限公司

厦门（中国）尊海32号别墅样板房

陶才兵

金螳螂建筑装饰股份有限公司

镇江市南徐新城商务B区一号楼

汤宇峰

金螳螂建筑装饰股份有限公司

投资公司办公室

李明

吉林省太阳神建筑装饰工程有限公公司

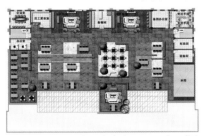

广州市本色酒吧天台西餐酒吧

吴楚杰

A N.T Creative Designers Limited

吴炎鑫
蔡和盛
蔡慧敏

漳州市名品盛饰装饰工程有限公司

娄佚

娄艺环境艺术设计机构

北京中美圣拓建筑工程设计有限公司

北京中美圣拓建筑工程设计有限公司

北京中美圣拓建筑工程设计有限公司

北京欧伦达装饰

内蒙古乌海黄河公园咖啡馆（coffee·time）

咖喱火锅店

花家怡园北京王府井澳门中心店室内设计方案

丽江金茂雪山语售楼中心

重庆仙女山五星级酒店暨高尔夫会所

低调奢华——莫非文化传媒公司办公室设计方案

李朝阳

清华大学美术学院环境艺术设计系

黑龙江八五八农场文化宫室内设计

周　翔　Ann
王海鹏　张振兴
崔　烨　Bwork

中国中轻国际工程有限公司

中国海洋石油集团——上海基地

王海鹏　周翔
崔　烨　李荣
李　波

中国中轻国际工程有限公司

北京北站老站房改造

周翔
王海鹏
崔烨

中国中轻国际工程有限公司

九龙斋——前门旗舰店

陈彩霞

青岛德才装饰安装工程有限公司

青岛瑞源生态会所

李进栋

北京联合嘉业装饰设计有限公司

民生银行私人银行会所

张金松
曹浪

国都建设（集团）有限公司

大酒店室内装修改造工程

张金松
曹浪

国都建设（集团）有限公司

中信银行营业厅室内装修改造工程

郭葆华
杨卉
王喜宏

北京宏维羽华设计工作室

某公馆室内装饰设计

李冬冬

东辰逸景装饰设计工作室

光·彩·空·间

吴伟庭

浙江省东阳市原创空间设计
工作室

原创空间设计工作室

林雁斌
何勇涛

广东大唐装饰·大唐易品设
计事务所

广东省惠州田园老树咖啡西餐厅

广州市锦瑞科技有限公司写字楼

华新年年有鱼餐饮会所

宁波锦绣伟业办公空间

海南三正半山酒店

湖北黄石（高山流水）茶馆

隔则嘉·欲则屏

刘晖

广州市三禾装饰设计有限公司

肖斌

南京金陵建筑装饰设计有限责任公司

肖斌

南京金陵建筑装饰设计有限责任公司

蒙震旦
谭伟东
林振翔

广东震旦建筑设计有限公司

韩赢

法象Studio

陈忠亮

甘肃典尚逸品装饰设计有限公司

孙建亚

上海亚邑室内设计有限公司

俞宏景

李哲　刘振华
何鸣　黄维欣
张宁　何泽联

广州市美术有限公司

刘振华　余艺云
谭华胜　李　哲
何　鸣　何泽联

广州市美术有限公司

吴毅玲　张　宁
何　鸣　李　哲
黄维欣　谭华胜

广州市美术有限公司

武俊文

山西满堂红装饰有限公司

"V-GRASS" 品牌服装办公总部

洁具专卖样板间设计方案

信阳天润广场

沈阳天润广场

金龟泉度假村

幼儿园

腾讯科技第三极二期

张晓亮

北京艾迪尔建筑装饰工程有限公司

腾讯科技深圳朗科大厦

张晓亮

北京艾迪尔建筑装饰工程有限公司

中核房地产

罗劲

北京艾迪尔建筑装饰工程有限公司

安徽九华山平天明珠一期工程

**陈向京
陈婕媛**

广州集美组室内设计工程有限公司

名粤港汇食府

王严钧
（曾用名：王延军）

黑龙江省佳木斯市豪思环境艺术顾问设计公司

黄山徽州——枇杷高端私人会所

**张宁
石荣洲**

北京三鸣博雅装饰有限责任公司

彭军
（主持）
天美PJ设计工作室
（团队）

天津美术学院设计艺术学院

孙锦

天津美术学院设计艺术学院

都红玉

天津美术学院环境艺术系

肖琳玮

HKC新加坡红谷组设计集团
（香港）有限公司

上海现代建筑装饰环境设计
研究院有限公司

上海现代建筑装饰环境设计
研究院有限公司

城市会客厅 天津市人民公园街景规划艺术设计

山东潍坊虞城生活城售楼处室内设计

天津市仁爱小学规划与建筑设计

珠海宝塔明珠酒店

绍兴县大香林兜率天宫装饰设计

宜兴市国际会议中心（云湖宾馆）室内装饰设计

云南呈贡新城会议中心

汶上县旅游景区三期工程观光塔外立面装饰设计

郑州市轨道交通1号线一期工程设计

公司简介

上海现代建筑装饰环境设计研究院有限公司介绍

公司地址：上海市石门二路258号3楼　邮编：200041

JACKIE CHAN 耀莱国际影城（西安）

耀莱纯酿

上海现代建筑装饰环境设计研究院有限公司

上海现代建筑装饰环境设计研究院有限公司

上海现代建筑装饰环境设计研究院有限公司

上海现代建筑装饰环境设计研究院有限公司

吴矛矛

中外建工程设计与顾问有限公司室内所，北京思远世纪室内设计顾问有限公司

吴矛矛

中外建工程设计与顾问有限公司室内所，北京思远世纪室内设计顾问有限公司

深圳毕路德建筑顾问有限公司

邓士楷

北京凯思室内设计咨询有限公司

邓士楷

北京凯思室内设计咨询有限公司

邵达亮

北京北装建筑装饰工程股份有限公司

邹志雄

广州九筑建筑装饰设计有限公司

李珂

北京凯泰达国际建筑设计咨询有限公司

海口鸿州埃德瑞皇家园林酒店——冬宫餐厅

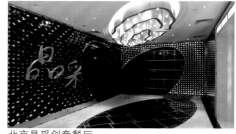

天津A-Hotel酒店

北京晶采创意餐厅

银川亘元大厦

东江源依云温泉度假酒店

北京上东十号会所

银泰百货公司办公楼

何永海
张磊

北京正喜大观环境艺术设计
有限公司

福建省福州清融桥·法郡会所室内装修设计

邓钏

福州国伟建设设计有限公司

富力公建G美术馆室内设计方案

钟山风

北京永一格展览展示有限
公司

南澳岛迪海蔚蓝海湾·国际公馆酒店

林志宁
林志锋

香港森瀚（国际）设计有限
公司

海南三亚会所酒店

林志锋
林志宁

香港森瀚（国际）设计有限
公司

岭南花园酒店.从化华熙温泉度假村

林志锋
林志宁
黄俊

香港森瀚（国际）设计有限
公司

罗耕甫

橙田室内装修设计工程有限公司

靓海筑

罗耕甫

橙田室内装修设计工程有限公司

橙田室内设计事务所

曾麒麟

北京筑邦建筑装饰工程有限公司成都分公司

贵州阿一VIP鲍鱼餐厅（实例）

曾麒麟

北京筑邦建筑装饰工程有限公司成都分公司

苍溪国际酒店

梁勇
庞茂青

北京驿泊空间环境艺术设计有限公司

河套酒业呼和浩特君临会所

姚凌霄
王楠

北京怡景艾特环境艺术设计有限公司

北京怡景艾特环境艺术设计有限公司办公室

西昌邛海湾柏栎度假酒店

姚凌霄
王楠

北京怡景艾特环境艺术设计
有限公司

西昌邛海湾柏栎酒店式公寓

姚凌霄
王楠

北京怡景艾特环境艺术设计
有限公司

上海东方文信公司写字楼室内设计创意

何锐

深圳市创典居室内环境艺术
设计有限公司

温嶺九龙国际大酒店

陈厚夫

深圳市厚夫设计顾问有限
公司

南山水展馆（实例）

韩家英

深圳市韩家英设计有限公司

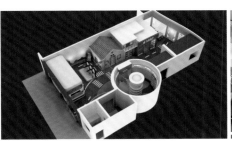

江门市第一幼儿园小城市

梁锦文

广东艺峰建筑装饰设计工程
有限公司

何国志

东莞市辉璜装饰工程有限
公司

东莞桥头华尔登国际大酒店

何国志

东莞市辉璜装饰工程有限
公司

东莞欧亚国际大酒店

何国志

东莞市辉璜装饰工程有限
公司

广州市增城欧亚山庄

陈岩

深圳市山石空间艺术设计有
限公司

西安周礼会所

张松涛

北京清尚环艺建筑设计院有
限公司

中国石化集团西南科研办公基地室内装饰设计工程

苏丹

北京清尚环艺建筑设计院有
限公司

宁波市和丰创意广场装饰装修工程

辽宁融达新材料科技有限公司新材料项目

涂山

北京清尚环艺建筑设计院有限公司

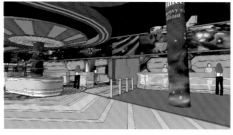 

成都欢乐谷飞行影院商店室内设计

王宇

北京联合大学师范学院艺术设计系

深圳湿地公园管理办公室室内设计

王宇

北京联合大学师范学院艺术设计系

太原重型机械集团有限公司《太重展览馆》陈列设计

白凤岗

北京唐是国际会展有限公司

山西省代县《民族博物馆》陈列设计

白凤岗

北京唐是国际会展有限公司

内蒙古《集宁战役纪念馆》陈列设计

白凤岗

北京唐是国际会展有限公司

白凤岗

北京唐是国际会展有限公司

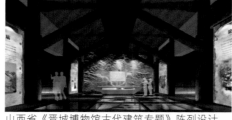 

山西省《晋城博物馆古代建筑专题》陈列设计

白凤岗

北京唐是国际会展有限公司

山西省清徐县《罗贯中纪念馆》陈列设计

白凤岗

北京唐是国际会展有限公司

山西省朔州市《塞北革命纪念馆》陈列设计

白凤岗

北京唐是国际会展有限公司

山西省实验中学（十中）《实中展览馆》陈列设计

白凤岗

北京唐是国际会展有限公司

山西省昔阳县《大寨展览馆》陈列设计

白凤岗

北京唐是国际会展有限公司

北京市《全聚德展览馆》陈列设计

《山西平朔煤矸石发电有限责任公司》陈列设计

白凤岗

北京唐是国际会展有限公司

辽宁金泰珑悦海景高尔夫度假酒店

刘波

刘波设计顾问（香港）有限公司

秦岭·梦溪居——园林式农家乐

李晓亭

西安美术学院

办公空间设计

杨步

天津体育学院运动与文化艺术学院

韵律生活（创意）

林泽文

天津体育学院运动与文化艺术学院

Beni Bear店面设计

刘慧良

天津体育学院运动与文化艺术学院

马新苗
天津体育学院运动与文化艺术学院

卢晶晶
天津体育学院运动与文化艺术学院

张毅
天津体育学院运动与文化艺术学院

孟江江
天津体育学院运动与文化艺术学院

李典义
天津体育学院运动与文化艺术学院

孙尚雪
天津体育学院运动与文化艺术学院

FLORA工作室

For U 婚纱店设计

手表专卖店店面设计

MY MEDIA COMPANY——月半小夜曲

办公空间

创意办公室设计设计

香水店创意设计

杨瑾瑜

天津体育学院运动与文化艺术学院

《love life》办公空间设计

王刚

河北能源职业技术学院

"意"广告公司

李亚林

天津体育学院运动与文化艺术学院

北京仁歌印象有限公司

张雪

天津体育学院运动与文化艺术学院

《韵》旗袍店设计

崔以颜

天津体育学院运动与文化艺术学院

某公司食堂改造

郭其鑫

北京现代音乐学院

李仰宁

高博软件技术职业学院

魅惑酒吧室内设计方案

王玉波

高博软件技术职业学院

时尚来袭商业空间主流创意

申永忠

上海旸明装潢有限公司

别墅设计

王琴

上海加枫建筑装饰有限公司

苏州新湖明珠城21栋C户型样板房

钱银铃

上海进念室内设计装饰有限公司

万科燕南苑

陈华胜

上海进念室内设计装饰有限公司

钦州北路样板房

德润公馆2

朱智江

赤峰美慧装饰有限公司

富河园别墅

李海会

内蒙古赤峰市艺创装饰工程
有限责任公司

聚贤庄新农村住宅空间设计

云雅洁

内蒙古师大国际现代艺术学
院

南京紫晶城——居住设计空间

丁德军

安徽轩辕装饰工程有限公司

东方意蕴

王红

山西满堂红装饰有限公司

艳阳下的庄园

王红

山西满堂红装饰有限公司

孟超俊

太原市晨曦装饰艺术有限公司

张为

西安市红山建筑装饰设计工程有限责任公司

高倩

陕西龙派装饰设计有限公司

马明
刘洲林

榆林市金马广告装饰有限责任公司

孙朋久

哈尔滨市设计研究中心

周平龙

丛一楼装饰上饶分公司

极简奢华

雁鸣湖湖景别墅C栋样板间室内设计方案

曲江金地芙蓉世家

塞维利亚·装修设计

哈尔滨盛和天下46-C栋别墅

汇鑫城别墅欧式

上饶市海博蓝庭样板房

翁兴运

上饶市润兴建筑装饰有限
公司

江西省上饶市张先生别墅

项旭炎

江西省上饶市正大装饰有限
公司

南昌市现代米罗238平方米复式楼

王新槐

江西英泰装饰工程有限公司

简

陈家雄

福建国广一叶建筑装饰设计
工程有限公司

减·欧式

谢颖雄

福建国广一叶建筑装饰设计
工程有限公司

都市魅影

许仙贵

福州好日子装饰工程有限
公司

张志明

福州好日子装饰工程有限公司

张志明

福州好日子装饰工程有限公司

陈晨

福州好日子装饰工程有限公司

陈财焕

福州好日子装饰工程有限公司

李善焰

福州好日子装饰工程有限公司

苏威

福州好日子装饰工程有限公司

梦回故里

雍容

拥抱山水的品味生活

旭日

形影不离

爵·莫

书香雅苑

苏威

福州好日子装饰工程有限
公司

山川诗韵

汤爱花

福州好日子装饰工程有限
公司

柔似雪纺 · 蔓如花枝

陈鑫

福州好日子装饰工程有限
公司

品味高雅

陈东升

福州好日子装饰工程有限
公司

锦

肖豪

福州好日子装饰工程有限
公司

触摸唯美的尊华

陈住光

福州好日子装饰工程有限
公司

颜超艺

厦门市总全设计工程有限公司

黄嘉伟

厦门市总全设计工程有限公司

周裕霖

厦门好易居装饰有限公司

尹志斌

青岛拜占庭装饰设计有限公司

徐泽敏

平顶山市业之峰装饰有限公司

黄晴封

河南新立方装饰有限公司

摩洛哥韵.律

居室设计

联发新天地

寿光左岸绿洲

郑州东方金典别墅

藏龙12号楼家居设计完工设计图

汝州样板房

居民住宅室内设计

星河湾

现代中式的一丝清凉

后湖赵先生别墅设计方案

邹先生别墅

张芳

平顶山市泰隆建筑装饰材料
有限公司

刘旭歌

平顶山市蓝钻丽都装饰公司

黄金钟

平顶山龙发装饰

杨宣刚

湖北枫叶企业发展有限公司
装饰分公司

郝华
余心杰

湖北省华汉装饰有限公司

郑金松

潜江市华汉装饰有限公司

第九届中国国际室内设计双年展**作品集**

王涛

十堰阔达装饰设计工程有限
公司

周琦

点石家装城南旗舰店

刘瀚漆立

点石家装

李维

点石家装

李琪

湖南点石装饰设计工程有限
公司

张双喜

湖南点石装饰设计工程有限
公司

十堰四方新城

木·语

纳帕溪谷雅居（实例）

魂

融

它赏它

荷塘月色

谭炜

点石家装

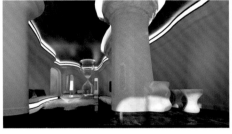

空间时钟

黄小东

湖南点石装饰设计工程有限公司

"拆掉思维的墙"长沙凯乐国际城规划效果图

鲁青松

湖南点石装饰设计工程有限公司

"折纸"星城世家复式

何巍

湖南点石装饰设计工程有限公司

"曲直境界"万国城住宅

李桂章

湖南点石装饰设计工程有限公司

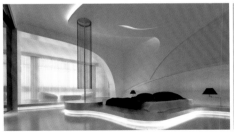

爱游泳的鱼

杨理

湖南点石装饰设计工程有限公司

丘蓉

湖南点石装饰设计工程有限公司

文庆云

湖南点石装饰设计工程有限公司

李哲

娄底点石装饰设计工程有限公司

王凯文

娄底点石装饰设计工程有限公司

邬美姿

娄底点石装饰设计工程有限公司

张欣

长沙随意居装饰

午后·阳光

古韵新辉

娄底市众一贵府文姐

悦动·浮躁

娄底市星海名都国际廖姐

碧桂水兰天

曙光泊岸

莫快峰

长沙随意居装饰

水岸新都

王其勇

长沙市随意居装饰设计工程
有限公司

湘潭碧桂园样板房

孔进进

长沙市随意居装饰设计工程
有限公司

湘潭碧桂园G147别墅样板房

颜毅

长沙市随意居装饰设计工程
有限公司

中隆国际御玺8栋

莫快峰

长沙随意居装饰

中隆国际御玺9栋

莫快峰

长沙随意居装饰

一米
一谈
一文

香港一米九八建筑艺术设计
咨询有限公司

徐经华

湖南长沙市艺筑装饰工程有限公司

刘炼

湖南长沙市艺筑装饰工程有限公司

黄希龙

湖南长沙艺筑装饰工程有限公司

赵益平设计事务所
杨钦淇
熊皓

湖南美迪大宅设计院

赵益平设计事务所
杨钦淇
夏凡

湖南美迪大宅设计院

邵阳紫薇花园别墅群

金色比华丽样板房

栖·彼岸

设计.家

棱丽

印花 蓝

折风碎影

赵益平设计事务所
杨钦淇
唐桂树

湖南美迪大宅设计院

筑光砌影

赵益平设计事务所
赵益平
杨钦淇

湖南美迪大宅设计院

老画面（创意）

左立志

湖南壹品装饰

面朝大海·春暖花开

欧阳瑜徽

湖南壹品装饰

想忘

欧阳瑜徽

湖南壹品装饰

倦鸟·归巢

万蕾

湖南壹品装饰

周港

湖南美迪建筑装饰设计工程有限公司

原味

刘莹

湖南美迪建筑装饰设计工程有限公司

"静影沉璧"

程继星

湖南美迪建筑装饰设计工程有限公司

"荷塘月色"

丁明

湖南美迪建筑装饰设计工程有限公司

新四合院的人文精神

丁明

湖南美迪建筑装饰设计工程有限公司

汇所

罗宁

衡阳市蓝阁装饰设计工程有限公司

衡阳市俊景花园家装

成都东山国际传世家宝别墅方案（温馨家园）

金江小区"一步一云山、一门一诗意"

上东城9栋

樱花雨样板房

昆明——溪麓南郡B户型

楚雄"旅游地产"C2户型样板房

左长春

成都佰丽春天装饰有限公司

赵云

云南省昆明中策装饰（集团）有限公司

张越

云南省昆明中策装饰（集团）有限公司

张渝

昆明思成设计工程有限公司

吴邦邦

云南理想家天下设计工程有限公司

苏云霞

云南理想家天下设计工程有限公司

梅艳

云南理想家天下设计工程有限公司

申洁

云南理想家天下设计工程有限公司

阙宏晓

云南理想家天下设计工程有限公司

阙宏晓

云南理想家天下设计工程有限公司

欧阳熠

云南理想家天下设计工程有限公司

毛博

内蒙古中实翰林建筑装饰设计有限公司

滇池卫城〝悦湖郡〞

贵州红果〝浅水湾〞B2户型样板房

贵州红果〝浅水湾〞楼王港式风格样板房

安宁市金色国际C3户型样板房

假日城市（创意）

北欧味道

荷影水墨

郭鹏

昆明云上装饰工程有限责任公司

沉静古韵

刘刚

昆明云上装饰工程有限责任公司

《黄金海岸》云南通海私宅室内设计

杨廷维

玉溪家园家装有限公司

《花轿》云南玉溪私宅室内设计

普舒

玉溪家园家装有限公司

疏影暗香

胡浩明

昆明欢乐佳园室内装饰工程有限公司

混搭个性家

展康震

昆明欢乐佳园室内装饰工程有限公司

余凯

艺海装饰工程有限公司剑鱼
设计机构

锦辉地产普洱公园壹号样板房

腾雅娟

艺海装饰工程有限公司剑鱼
设计机构

锦辉地产普洱公园壹号样板房

柯霁桉

艺海装饰工程有限公司剑鱼
设计机构

锦辉地产普洱公园壹号样板房

曹健

昆明弘佳装饰工程有限公司

简约而不简单的东方情结

毕宠

昆明弘佳装饰工程有限公司

云岭天骄——感悟中式

杨锐

昆明弘佳装饰工程有限公司

我的托斯卡纳风

樊昊
孙跃华

昆明弘佳装饰工程有限公司

橡树庄园别墅

袁洪波

昆明弘佳装饰工程有限公司

"易"禅

冯建清

昆明弘佳装饰工程有限公司

中央丽城

曹健

昆明弘佳装饰工程有限公司

中西意韵 珠联璧合

甘肃林业职业技术学院

简中式风格设计方案

雒帅

甘肃林业职业技术学院

现代简约风格设计方案

陶永斌

甘肃林业职业技术学院

丁飞

贵州臻品建筑装饰工程有限公司

金嘉宜

贵州臻品建筑装饰工程有限公司

蓝菲

贵州臻品建筑装饰工程有限公司

郭孝

贵阳中策装饰有限公司

胡雁飞

贵阳中策装饰有限公司

现代简约风格设计方案

保利温泉新城

贵阳金龙国际

贵阳——山水黔城

贵州省贵阳市中天花园叠翠谷

贵州省贵阳市世纪城

俞仲湖

贵阳中策装饰有限公司

贵州省贵阳市南窗雅舍

袁晨婷

贵阳中策装饰有限公司

贵州省贵阳市中天花园叠翠谷

张俊帅

广东星艺装饰集团海南有限公司

御景湾D户型

彭照华

广东星艺装饰集团海南有限公司

海口迎宾花园

贺伟

广东星艺装饰集团海南有限公司

城市海岸蓬莱阁11号301房

邓子润

海南优尼特装饰工程有限公司

三亚申亚翡翠谷三期别墅样板房

石唯

三亚玛雅装饰工程有限公司

三亚联信和发展装饰工程有限公司

李进

海南嘉程装饰工程有限公司

方斐斐

海南嘉程装饰工程有限公司

余喜存

汕头市华正装饰设计有限公司

赖亚楠

北京紫瓯环境艺术设计有限公司

天涯别墅

三亚清水湾套房

海南和风江岸室内设计

兴隆山水云间别墅室内设计

广州珠江御景湾复式住宅

中国政协文史馆室内整体设计工程

重庆天地石屋客户中心&精品店

屈慧颖

重庆旋木室内设计有限公司

餐厅

谢江明

重庆远景装饰

奢雅会

曹金婷
唐健

重庆奢雅家居艺术设计公司

娱乐空间

甘健平

重庆汇意堂装饰设计工程有限公司

简单生活的理由

王红

山西满堂红装饰有限公司

花园府邸

孟超俊

太原市晨曦装饰艺术有限公司

吴永武

汕头市博得装饰设计有限公司

陆屹

汕头市目标设计装饰有限公司

连伟健

汕头市思美格装饰设计有限公司

袁鹏鹏

东莞市三星装饰设计工程有限公司

邻晓峰
张艺怀

吉林省朝代环境艺术设计工程有限公司

周芳芳

广东三星装饰宜兴分公司

汕头市星光华庭住宅设计实例

新都市生活主义

纯色心情

君悦天城样板房

吉林省吉林市广泽澜香别墅样板房室内设计

宜兴市荆邑山庄吴先生别墅

东莞市君悦天城样板房

袁鹏鹏

东莞市三星装饰设计工程有限公司

广东省汕头市星港豪园

邱培佳

广东省汕头市华都美术设计公司

星湖城样板房9幢703房之一

柯骏

汕头市宜家装饰有限公司

星湖城样板房9幢704房之二

柯骏

汕头市宜家装饰有限公司

星湖城样板房9幢705房之三

柯骏

汕头市宜家装饰有限公司

总有清风在——家居设计

童小明

广州美术学院

黄贻民

广州市华宁装饰工程有限公司惠州分公司

**王赟
王小锋**

广州尚诺柏纳空间策划事务所

**王赟
王小锋**

广州尚诺柏纳空间策划事务所

谢欣林

东莞市星雕装饰设计工程有限公司

李坚明

东莞市尺度室内设计有限公司

广州市住宅建筑设计院有限公司

惠州润园27-3别墅

福建佛罗里达的阳光

琶洲·天悦公寓交楼标准

东莞市长安镇乌沙私人别墅

金地湖山大境213号别墅样板房

富力公园28-A3栋A1户型样板间

陈朝辉

陈朝辉设计工作室

50后遇上80后（实例）

周宇瑶

佛山市上林环境装饰工程有限公司

天安鸿基花园翠海17号别墅

关雪贤

佛山市上林环境装饰工程有限公司

佛山万科城一期——1区10座2303

林诗豪

佛山市上林环境装饰工程有限公司

金地玖珑璧——陈宅

**吴庆春
章慧珍**

广东省潮州市正格设计

专业视听室

丁瑞鸿

潮州市恒瑞广告装饰有限公司

激情视听空间

丁瑞锐
陈钦城

潮州市恒瑞广告装饰有限
公司

关升亮

香港亮道设计顾问有限公司

关升亮

香港亮道设计顾问有限公司

韦末芝

中山市三乡镇艾特尔斯装饰
设计

王娟

789室内配饰设计机构

柏春荣

上海百安居装饰工程有限
公司

现代东方田园（实例）

圣淘湾

嘉信城市花园

天籁之夜

"兼韵"（南海碧桂园蓝天山畔三街38号勇哥别墅）

上海金外滩花园

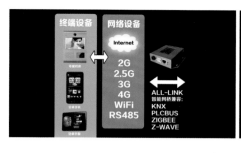

石广

上海全屋通物联网技术有限公司

上海淞园小区全面装修项目

陶再波

上海索博智能电子有限公司

索博澳大利亚黄金海岸工程

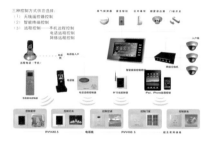

徐航

厦门狄耐克电子科技有限公司

基于SIP协议数字智能家居系统的现代智能家居

杨爱萍

瑞讯科技（亚洲）有限公司

天河湖滨别墅漫城一品别墅

吕靖

杭州大麦室内设计有限公司

肆意生长的中式生活

赵翔

诸暨市翱翔广告装饰工程有限公司

世纪花城别墅

东方之门顶级豪宅样板房

陶才兵

金螳螂建筑装饰股份有限公司

江苏（中国）泰州美好上郡样板房室内装饰设计

陶才兵

金螳螂建筑装饰股份有限公司

苏州东方之门顶级豪宅大堂

陶才兵

金螳螂建筑装饰股份有限公司

荷塘月色

徐建军
刘文婷

湖南湘乡江南装饰

I Cinema Home（实例）

卢俊

浙江杭州青枫墅园朱先生复式

邓世鹏

杭州大象装饰工程设计有限公司

赵玉玺
李英

苏州玉玺设计工作室

返璞归真——墨西哥乡村风格别墅

赵玉玺
李英

苏州玉玺设计工作室

舞台上的新古典之本色

夏庆一

江苏旭日装饰工程有限公司

苏州朗香郡7-102室

李倩

江苏旭日装饰集团

自由水岸6-101

李培

江苏旭日装饰集团

江苏省苏州市平江区华润置地平门府166幢别墅室内装修

北京吉诚装饰

简欧风格——十堰中央华府设计方案

吴伟庭

浙江省东阳市原创空间设计
工作室

陈忠亮

甘肃典尚逸品装饰设计有限
公司

曾闯

北京业之峰诺创建筑装饰工
程有限公司

武俊文

山西满堂红装饰有限公司

武俊文

山西满堂红装饰有限公司

曹学莉
束传宝

六安职业技术学院
上海拉齐娜建筑装饰设计公
司

美式——印象（中天世纪花城样板套间实例）

可娱、可居

夏威夷水岸

欢乐

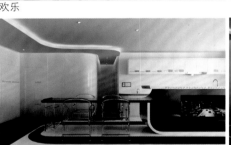

自由随心、合欢共存

上海提香别墅146号设计方案

梦中的院

魏二波

深圳居众装饰公司

美的地产 —— 顺德大良顺峰山7栋B4项目

罗艳
陈静婷

广州伶居陈设艺术空间
广州市罗艳装饰工程设计有限
公司

金地地产 —— 观澜天悦湾3栋项目

罗艳
陈静婷

广州伶居陈设艺术空间
广州市罗艳装饰工程设计有限
公司

北京碧水庄园别墅

熊芳

北京市北装建筑装饰工程股
份有限公司

上海中建大公馆

桂峥嵘

上海桂睿诗建筑设计咨询有
限公司

土木一味系列之汕头中信金城蔡宅

杨晞

希伯设计工作室

杨晞

希伯设计工作室

土木一味系列之汕头中信金城朱宅

杨晞

希伯设计工作室

土木一味系列之汕头星湖豪景谢宅

杨晞

希伯设计工作室

土木一味系列之中山远洋城张宅

张逸

北京逸道空间装饰工程设计
有限公司

连云港腾轩火锅店山东青岛懿品御府地产售楼处项目

王晓军
李杰

广州市景龙装饰设计有限公
司

北京大观园样板房室内装饰设计

柳伊

上海传阳设计有限公司

世纪汇·都会轩示范单位——和记黄埔（伦敦某总裁行政公馆）

美景东方私宅室内设计方案

李道俊

北京正喜大观环境艺术设计有限公司

乐从和——以人为本、回归自然的室内居室环境设计

蔡赛寅

高博软件技术职业学院

太极灯

江波

广西艺术学院建筑艺术学院

重庆长嘉汇公寓

张云
张玉群
郑亮

北京艾迪尔建筑装饰工程有限公司

重庆约克郡样板间

张云
张步雯
丁晓楠

北京艾迪尔建筑装饰工程有限公司

南京小桃园复式

项俊

上海全筑建筑装饰设计有限公司

项俊

上海全筑建筑装饰设计有限公司

崔龙

上海全筑建筑装饰设计有限公司

崔龙

上海全筑建筑装饰设计有限公司

刘建华

北京万康装饰工程有限公司

冯琳

西安美术学院

王炜锋

西安美术学院

武汉长岛独栋别墅

建德南郊别墅19号

建德南郊别墅49号

欧式古典美

回到最初的家

星河城——家装设计·创意

珠宝店设计

卢姣

天津体育学院运动与文化艺术学院

烟岚别墅环境艺术设计

黄黎明

高博软件技术职业学院

浪漫欧风——石湖之韵公寓房改造方案设计

徐辛岚

内蒙古中实翰林建筑装饰设计有限公司

海棠晓月

唐妮娜

重庆天和建筑装饰有限公司

同创高原

蒋梦竹

重庆品界国际装饰

新古典

刘善勇

内蒙古中实翰林建筑装饰设计有限公司

罗瑜
格美装饰

李燕杰
品界国际装饰

姚汉源
重庆姚工装饰设计工程有限公司

刘孝成
业之峰装饰重庆分公司

吴军
重庆佳天下装饰

黎平中
重庆兄弟装饰工程有限公司

蓝湖郡4—26—5

地中海风格

蓝湖郡

同景国际城

亚太商谷21—18—8

住宅空间

复地别院

刘增申

重庆宗灏装饰工程有限公司

蓝湖郡

刘增申

重庆宗灏装饰工程有限公司

珠江帝景

时强

北京皖南优筑装饰工程有限公司

燕莎麦子店住宅

王杰

北京皖南优筑装饰工程有限公司

37平，37变

巩建

北京伦琴装饰有限公司

北京橡树林会所

周飞文

重庆蓝山室内装饰设计有限公司

焦艳丰

焦艳丰室内设计有限公司

盛世玺鼎养生板栗鸡南坪店

焦艳丰

焦艳丰室内设计有限公司

盛世玺鼎养生板栗鸡人和店

唐妮娜

重庆天和建筑装饰有限公司

op美发沙龙

杨凯

重庆市简意设计工作室

每位好味餐厅

杨凯

重庆市简意设计工作室

萨撒里餐厅

姚汉源

重庆姚工装饰设计工程有限公司

办公空间

张虎
曾维

北京业之峰重庆分公司

香山林海会所

张虎
钟江春

北京业之峰重庆分公司

馨粤轩餐厅

王刚

重庆视觉色装饰公司

西彭七星尚品酒店

金峰

重庆金峰设计工作室

奥园

甘健平

重庆汇意堂装饰设计工程有限公司

娱乐空间

周飞文

重庆蓝山室内装饰设计有限公司

红与白公寓

吴昌毅

重庆麦索装饰设计有限公司

焦艳丰

焦艳丰室内设计有限公司

焦艳丰

焦艳丰室内设计有限公司

陈可

重庆格美装饰工程有限责任公司

刘善勇

首佳装饰

罗瑜

格美装饰

海客瀛洲顶跃

复地别院

乔苑世家

奥山别墅

浪漫阳光

蓝湖郡西岸——午后阳光

家和万事兴

李燕杰

品界国际装饰

天高鸿苑

张成

重庆市私·享装饰设计工作室

白色新古典

李浪

大墨·元筑设计工作室

马赛克——绵阳贵熙帝景样板间

李浪

大墨·元筑设计工作室

爱之橡树空间——协信town城

田艾灵

重庆十二分装饰工程设计有限公司

润——蓝湖郡联排别墅

田艾灵

重庆十二分装饰工程设计有限公司

刘洋岑

渝西手艺室内设计事务所

马锐

马锐——悦空间设计

田业涛

重庆业之峰总部

李晓莉

重庆元洲装饰有限责任公司

甘健平

重庆汇意堂装饰设计工程有
限公司

甘健平

重庆汇意堂装饰设计工程有
限公司

最炫美式风

江与城

常青藤

某居住空间

样板房

住宅空间

住宅空间

黄亮

重庆意象装饰设计工程有限公司

住宅空间

赵立东

重庆鼎景装饰工程有限公司

住宅空间

夏朗

重庆帝依装饰设计有限公司

悠山郡

邓劼

重庆DBD设计机构
观廷装饰

自清府祝公馆

程绍文

深圳康之居装饰有限公司上饶分公司

金桥花园爱丁堡

刘奇

福建国广一叶建筑装饰设计工程有限公司

刘莹

湖南美迪建筑装饰设计工程
有限公司

称"形"如"意"

吴邦邦

云南理想家天下设计工程有
限公司

贵州——红果浅水湾样板间工程

李春森

昆明欢乐佳园室内装饰工程
有限公司

安宁温泉山谷

甘肃林业职业技术学校

简中式风格设计方案

俞仲湖

贵阳中策装饰有限公司

贵州省贵阳市中天世纪新城

雷家才

三亚时尚装饰设计工程有限
公司

三亚风情南海酒楼

三亚某休养院接待楼

三亚联信和发展装饰工程有限公司

三亚某餐厅

三亚联信和发展装饰工程有限公司

西安某会所

三亚联信和发展装饰工程有限公司

海口国新酒庄

傅小彬

三亚环通装饰设计工程有限公司

海汽集团昌江客运大楼

梅婧

海南西城组室内设计工程有限公司

七仙商业广场

赵勇

三亚汉界景观规划设计有限公司

赵勇

三亚汉界景观规划设计有限公司

霸王岭森林会馆改造项目

林国龙

海南18度领域酒吧建筑室内景观工程

叶晖

汕头市今古·凤凰空间策划机构

广东金源照明科技有限公司

朱少雄

汕头市朱少雄设计有限公司

梦之湖SPA水疗中心

余喜存

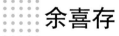

汕头市华正装饰设计有限公司

汕头华正装饰设计公司办公场所

袁鹏鹏

东莞市三星装饰设计工程有限公司

东莞市鸿赢建设办公空间

台山市翠湖豪庭销售中心

袁鹏鹏

东莞市三星装饰设计工程有限公司

吉林省长春市力旺美林销售中心

**郐晓峰
田甜**

吉林省朝代环境艺术设计工程有限公司

吉林省延吉市广泽.天池首府销售中心室内设计

**郐晓峰
陈鑫**

吉林省朝代环境艺术设计工程有限公司

LOFT办公空间设计

陈永生

深圳职业技术学院

常熟乾图假日酒店

李若虎

苏州乾图设计工程有限公司

壶中天茶楼室内外设计方案

陈洋

黄石德美建筑装饰设计有限公司

温如春
（主持设计）
殷大雷
李本领
李亚琼

李忠正

大庆市嘉亿建筑装饰有限
公司

张玉昊

哈尔滨海佩空间艺术设计事
务所

张运伟

朝代装饰设计室

刘鹏飞

内蒙古中实翰林建筑装饰设
计有限公司

谭立予

广东星艺装饰集团有限公司

海伦大城小爱时尚餐厅（实例）

大庆中浩高端会所

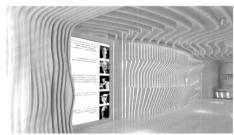

迪奥品牌专卖店设计

陈伟南天文馆

连云港腾轩火锅店

LAK进口木材专卖店